LAROUSSE junior DE L'ASTRONOMIE

21, rue du Montparnasse LAROUSSE 75283 Paris Cedex 06

LAROUSSE junior DE L'ASTRONOMIE

RÉDACTION :
Nathalie Bucsek,
Fabienne Casoli

CONCEPTION GRAPHIQUE :
Anne Delalandre

DIRECTION DE LA PUBLICATION :
Isabelle Jenge-Maynart

DIRECTRICE ÉDITORIALE :
Françoise Vibert-Guigue

RESPONSABLE ÉDITORIALE :
Brigitte Bouhet

CONSEILLER SCIENTIFIQUE :
Philippe de la Cotardière

LECTURE-CORRECTION :
Jacqueline Peragallo

DIRECTEUR ARTISTIQUE :
Frank Sérac

ILLUSTRATEURS :
Émile Bravo, Rocco,
Laurent Blondel, Pierre Bon,
Jean-François Pénichoux

MISE EN PAGE :
Géraldine Morisset,
Karim Sahli

RECHERCHE ICONOGRAHIQUE :
Valérie Delchambre,
Brigitte Bouhet

FABRICATION :
Nicolas Perrier

MAQUETTE DE COUVERTURE :
Laurent Carré

ILLUSTRATION DE COUVERTURE :
Alain Boyer

ISBN: 978-2-03-586194-8

21, rue du Montparnasse
75006 Paris

SOMMAIRE

LE VAISSEAU TERRE

LE MESSAGER DES ÉTOILES

LE SYSTEME SOLAIRE

LES ÉTOILES

LES GALAXIES

LE MESSAGER DES ÉTOILES

LES OUTILS DE L'ASTRONOMIE

LE MESSAGER DES ÉTOILES

"Tu regarderas, la nuit, les étoiles. C'est trop petit chez moi pour que je te montre où se trouve la mienne. C'est mieux comme ça. Mon étoile, ça sera pour toi une des étoiles. Alors, toutes les étoiles, tu aimeras les regarder..."

Le Petit Prince,
Antoine de Saint-Exupéry

Pourquoi aime-t-on regarder le ciel ? Il y a une foule de raisons à cela. On peut y chercher l'étoile du Petit Prince. On peut y guetter l'apparition de la Lune, l'éclair de lumière d'une étoile filante, le lever du Soleil. Mais on peut aussi aimer regarder le ciel parce qu'on adore les histoires. L'Univers est comme un grand livre d'histoires qui s'ouvrirait à la nuit tombée. On y trouve de tout : de très vieilles légendes et des récits modernes. Dans l'Antiquité, les hommes racontaient que le ciel était peuplé de monstres, de géants et de dieux invincibles. Les histoires modernes de l'Univers, elles, ont été écrites par les astronomes. Elles nous disent que les étoiles sont d'immenses chaudrons, où se cuisine la matière du cosmos. Elles nous expliquent pourquoi les comètes sont prisonnières du Soleil, et plein d'autres choses encore… Ouvrons donc le grand livre de l'Univers !

LA GALERIE

D'après le dictionnaire, "astre" est un nom masculin qui désigne un corps céleste lumineux par lui-même ou empruntant la clarté d'un autre corps. "Beau comme un astre" signifie magnifique. Les galaxies, les étoiles, les planètes sont-elles belles comme des astres ? En tout cas, elles ne se ressemblent guère ! Planètes de roches ou planètes de gaz, satellites comme la Lune, astéroïdes, comètes, sans oublier notre étoile le Soleil, voici d'abord les habitants du système solaire. L'univers abrite bien d'autres astres encore : la Voie lactée, la galaxie à laquelle appartient le système solaire, contient des centaines de milliards d'étoiles. Certaines sont solitaires, comme le Soleil, d'autres vivent en couples, comme l'étoile Sirius, d'autres encore vivent au sein d'amas de milliers d'étoiles. Certaines sont des jeunettes de quelques millions d'années, d'autres arrivent à la fin de leur vie. Mais l'Univers est infiniment plus grand que la Voie lactée : les astronomes pensent qu'il contient plus de 100 milliards de galaxies !

La planète Terre

Le Soleil

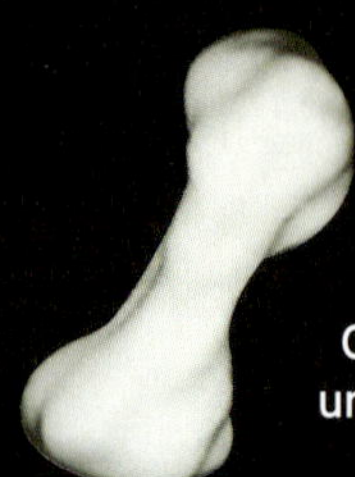

Cléopâtre, un astéroïde

Saturne

La Voie lactée

La galaxie du Sombrero

DES ASTRES

La comète Hyakutake

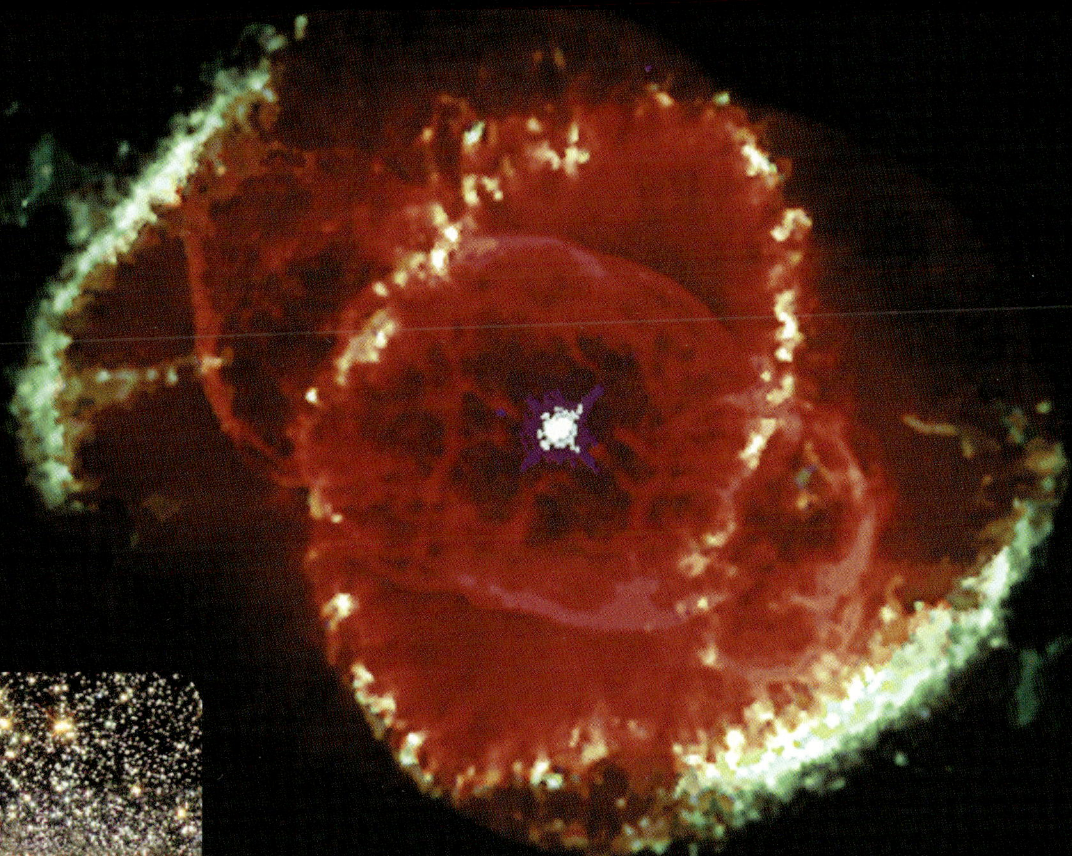

La nébuleuse
de l'Œil de chat

Un amas d'étoiles

Vue imaginaire
d'un trou noir

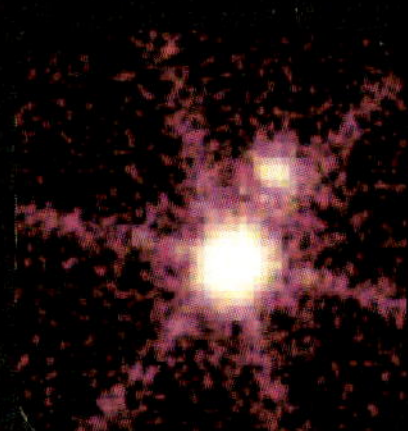

L'étoile Sirius

Une météorite

La Lune

LE VAI
TER

Les hommes naviguent sur le vaisseau Terre depuis longtemps. C'est de là qu'ils observent le ciel et ses mystères.

SOMMAIRE

SSEAU
RE

UNE JOURNÉE AU SOLEIL

Le ciel est un grand théâtre, où il se passe toujours quelque chose. Il n'y a qu'à voir le Soleil : jour après jour, il nous rejoue à peu près la même scène.

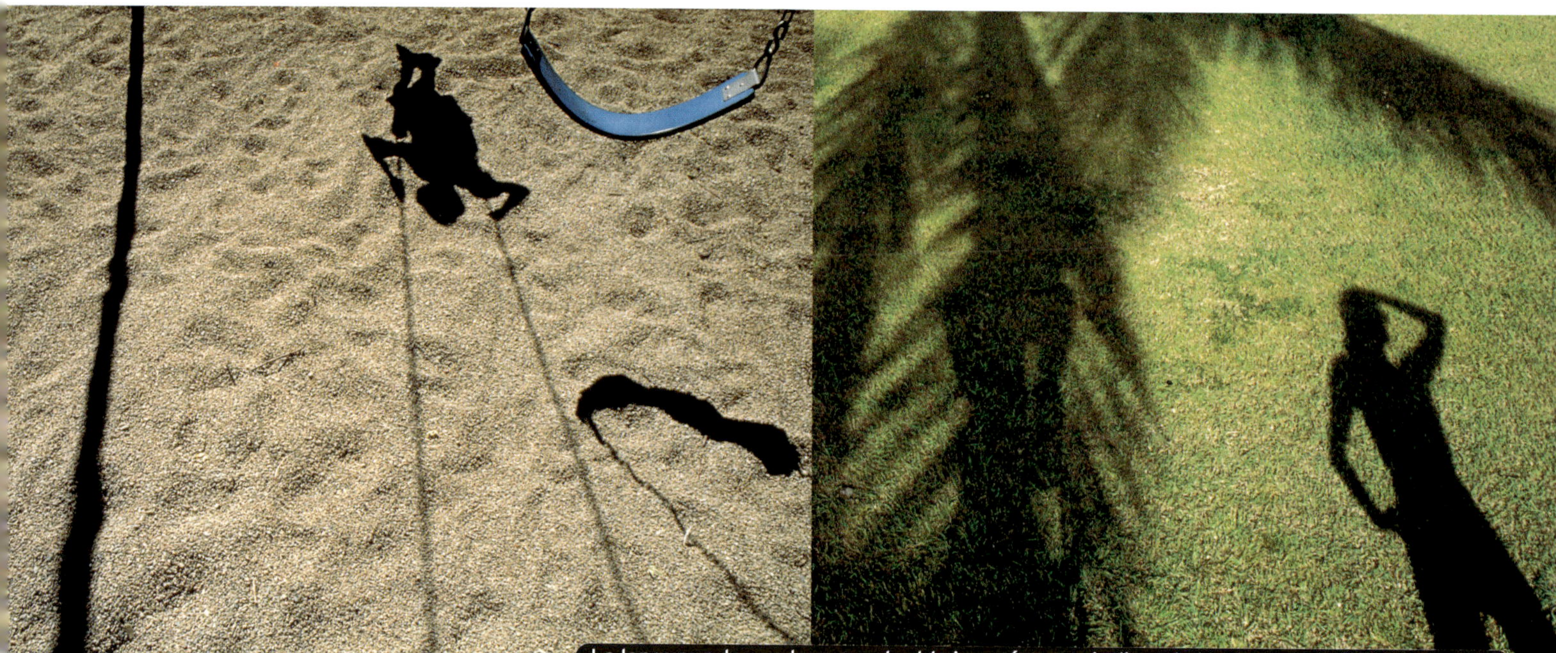

La longueur des ombres pendant la journée nous indique la hauteur du Soleil dans le ciel.

COURSE DU SOLEIL...

Chaque jour, le Soleil paraît tracer une longue courbe dans le ciel. D'abord, il apparaît à l'horizon : il se lève, vers l'est. Puis il grimpe lentement. À midi, il est dans la direction du sud (dans l'hémisphère Nord), et au plus haut dans le ciel. Passé midi, il redescend jusqu'au soir et il se couche vers l'ouest. Les ombres des arbres suivent heure par heure cette course du Soleil. Au cours de la journée, elles tournent régulièrement et n'ont pas la même longueur. Très longues le matin, quand le Soleil frôle l'horizon, elles rétrécissent jusqu'à midi, moment où elles sont les plus courtes (car le Soleil est au plus haut). Passé midi, elle s'allongent jusqu'au soir, puis disparaissent.

... OU MOUVEMENT DE LA TERRE ?

Tout cela est bien beau mais, en réalité, le Soleil ne va nulle part. Sa course est une illusion, créée par le propre mouvement de la Terre. Notre planète tourne sur elle-même, autour d'un axe qui passe par ses pôles Nord et Sud. Elle fait un tour complet en 24 heures, en ce qu'on appelle un "jour", et d'ouest en est (c'est pourquoi le Soleil semble aller en sens inverse, d'est en ouest).

Nous, les terriens, ne sentons pas ce mouvement, appelé "rotation", car nous sommes emportés par lui. Pourtant, il est bien réel. Grâce à lui, chaque jour, nous défilons devant le Soleil immobile. En 24 heures, chaque région du globe terrestre passe plusieurs heures dans la zone éclairée par le Soleil (le côté où "il fait jour") puis elle reste dans la zone qui se trouve à l'ombre (le côté où il fait nuit).

FACE AU SUD

Dans l'hémisphère Nord, pour suivre la course du Soleil en une journée, il faut se placer face au sud. L'est se trouve alors à gauche, l'ouest à droite (c'est le contraire sur nos atlas, où le Nord est en haut). Mais le Soleil ne se lève pas toujours exactement à l'est et ne se couche pas vraiment à l'ouest. C'est vrai au début du printemps ou de l'automne, mais pas en été ou en hiver ! En fait, le trajet du Soleil dans notre ciel varie tout au long de l'année ; c'est à cause de l'axe de la Terre, qui est penché.

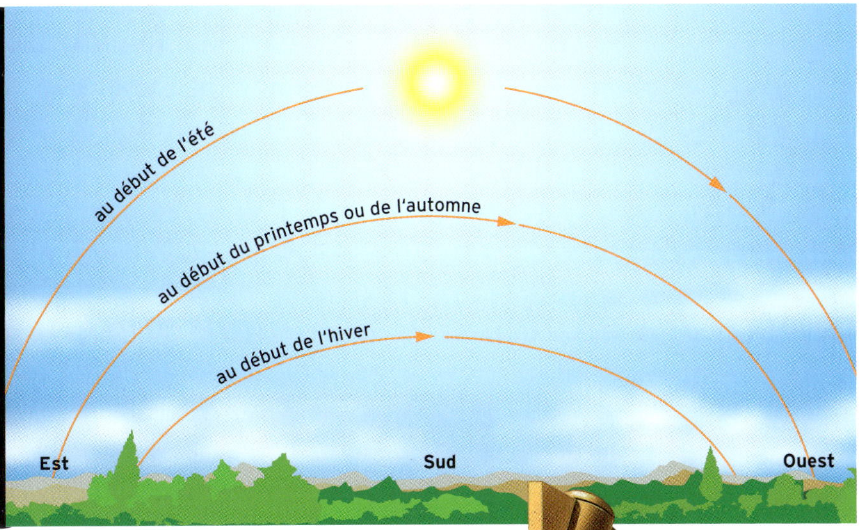

AU BALCON DE LA TERRE

La Terre est notre balcon d'observation sur l'Univers. Mais il est impossible de comprendre ce qui se passe vraiment dans le ciel si on ne sait pas où on se trouve sur ce balcon : plutôt à l'est, ou plutôt à l'ouest ? Plutôt au nord ou plutôt au sud ?

Pour se repérer, les hommes ont quadrillé la surface de la Terre à l'aide de grands cercles imaginaires. Les méridiens sont des demi-cercles "verticaux" qui vont d'un pôle à l'autre. Deux villes situées sur le même méridien (on dit aussi qu'elles sont à la même longitude) sont à la même heure par rapport au Soleil, puisque les rayons solaires les touchent en même temps.

Les parallèles sont de grands cercles "horizontaux" parallèles à l'équateur. Ils permettent de mesurer notre latitude, c'est-à-dire la "hauteur" à laquelle nous nous trouvons sur le globe terrestre, par rapport à l'équateur. Deux villes à la même latitude, comme Madrid et New York, voient le même ciel, mais pas à la même heure, car elles ne sont pas sur le même méridien.

Un globe terrestre, avec l'équateur (en rouge), ses parallèles et ses méridiens.

UNE NUIT AUX ÉTOILES

Le Soleil a disparu sous l'horizon : la nuit est tombée. Mais les illusions continuent. À cause de la rotation de la Terre, ce sont les étoiles qui semblent tourner autour de nous.

RONDE DE NUIT

Évidemment, la Terre ne s'arrête pas de tourner quand nous entrons du côté nuit et que les étoiles apparaissent, scintillant comme de petits diamants posés sur un écrin noir. Du coup, chaque nuit, les étoiles paraissent exécuter un grand mouvement au-dessus de nos têtes, comme le Soleil le jour. Le ciel tout entier, tel un grand chapiteau, semble tourner de l'est vers l'ouest (normal, puisque la Terre tourne sur elle-même d'ouest en est).

L'étoile Polaire (cerclée en blanc) n'est pas très éloignée de la Grande Ourse (en bas de l'image).

Lorsqu'on photographie le ciel avec un long temps de pose, on voit les étoiles décrire de grands cercles autour de l'étoile Polaire.

L'ÉTOILE POLAIRE, LE PIVOT DU CIEL

En fait, il y a au moins une étoile qui ne tourne pas : il s'agit de l'étoile Polaire, celle qui indique le nord. Elle se trouve pile (enfin, presque) dans le prolongement de l'axe de la Terre, au-dessus de notre pôle Nord à nous. Comme cet axe ne bouge pas – c'est la Terre qui lui tourne autour –, l'étoile Polaire ne bouge pas non plus. Du coup, tout le ciel semble pivoter autour d'elle.

Une étoile fixe, qui indique toujours la direction du nord ? Une aubaine pour se repérer ! Pas étonnant que, pendant des siècles, les marins se soient dirigés en observant la Polaire. C'était la première étoile qu'ils guettaient dès que la nuit tombait. Du moins quand ils se trouvaient dans l'hémisphère Nord : la Polaire n'a aucune utilité dans l'hémisphère Sud car on ne la voit pas.

Science ou fiction ?

L'ÉTOILE POLAIRE EST L'ÉTOILE LA PLUS BRILLANTE DU CIEL NOCTURNE.

➡ *NON.* Elle brille d'accord, mais sans plus. Beaucoup d'étoiles sont plus brillantes qu'elle !

LE BON ANGLE

La nuit, les étoiles semblent tourner de "15 degrés" par heure. Quinze degrés, c'est un angle, et justement les astronomes se servent des angles pour mesurer des distances dans le ciel. En largeur, un poing fermé avec le pouce tendu à l'horizontale mesure environ 15 degrés. On peut vérifier que c'est à peu près le déplacement des étoiles en une heure.

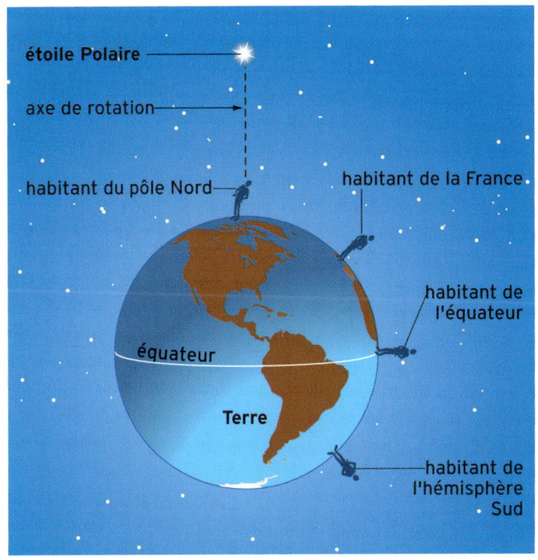

NE PERDONS PAS LE NORD !

Tous les habitants du globe terrestre ne voient pas l'étoile Polaire à la même hauteur dans le ciel. Le dessin ci-dessus montre quatre terriens vivant à différentes latitudes (à différentes "hauteurs") à la surface de la Terre ronde. L'habitant du pôle Nord voit très bien l'étoile Polaire : elle brille pile au-dessus de sa tête, à la verticale. En France métropolitaine, nous sommes à "mi-hauteur" de l'hémisphère Nord. Nous voyons donc l'étoile Polaire à mi-hauteur dans le ciel, et non pas à la verticale. Un terrien vivant sur l'équateur voit l'étoile Polaire, mais tout juste : pour lui, elle frôle l'horizon Nord. Quant à l'habitant de l'hémisphère Sud, il ne voit pas l'étoile Polaire : pour lui, elle est toujours sous l'horizon.

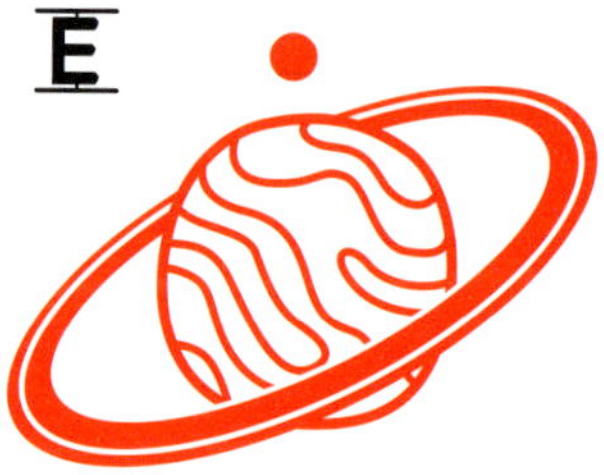

UNE ANNÉE AU SOLEIL

Les jours succèdent aux jours parce que la Terre tourne sur elle-même. Mais elle tourne aussi autour du Soleil ! Et à cause de cela, ce sont les années qui succèdent aux années.

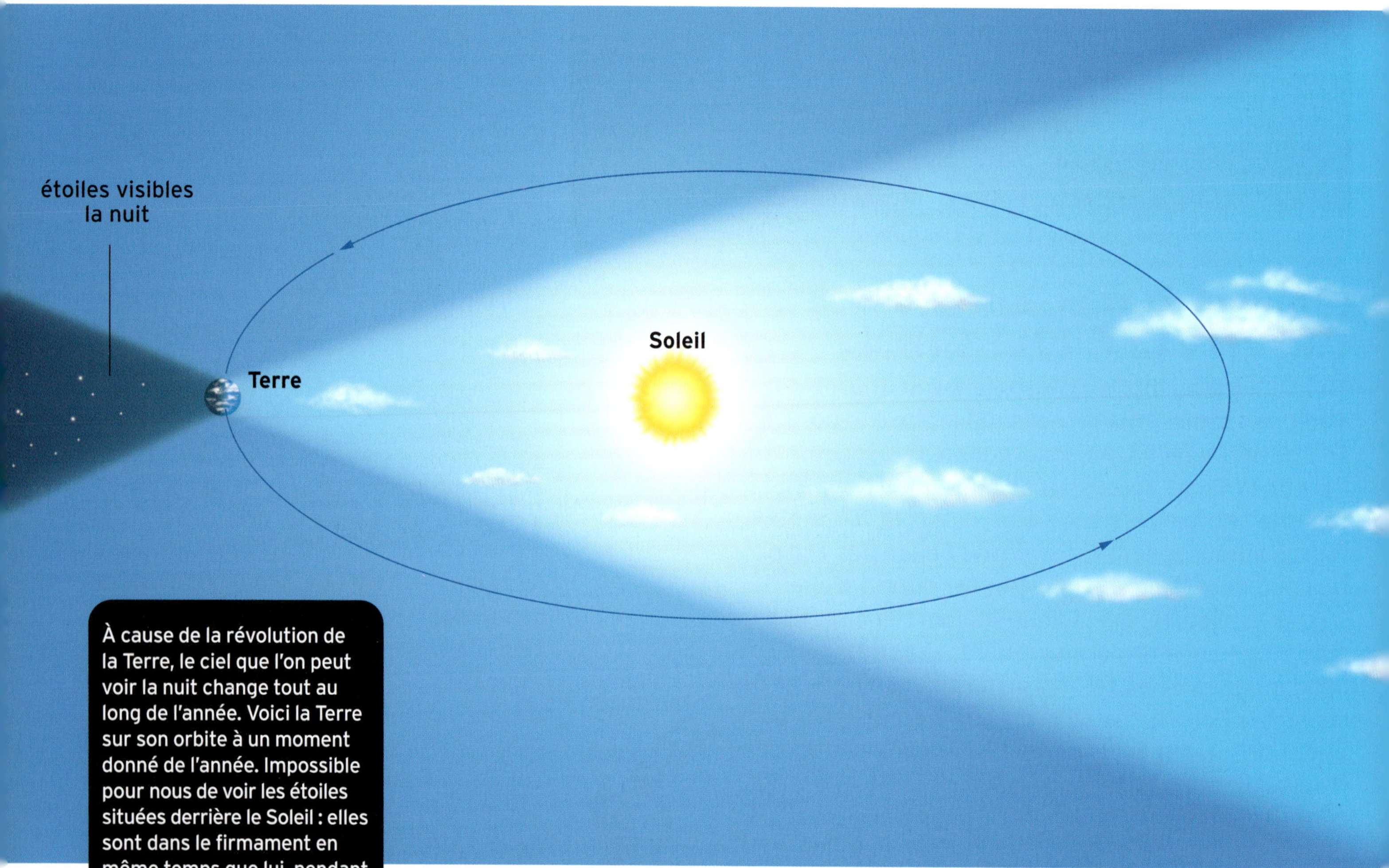

À cause de la révolution de la Terre, le ciel que l'on peut voir la nuit change tout au long de l'année. Voici la Terre sur son orbite à un moment donné de l'année. Impossible pour nous de voir les étoiles situées derrière le Soleil : elles sont dans le firmament en même temps que lui, pendant la journée ! Elles sont noyées dans le bleu du ciel. Les étoiles visibles la nuit se trouvent forcément dans la direction opposée à celle du Soleil.

LA TERRE FAIT SA RÉVOLUTION

Un manège qui tournerait et qui, en même temps, avancerait sur le périphérique ou sur une piste d'athlétisme : voilà à quoi pourrait ressembler notre Terre.

C'est une planète et, comme toute planète qui se respecte, elle tourne autour de son étoile, le Soleil. Nous, les terriens, ne sentons pas plus ce second mouvement, appelé "révolution", que le premier, la rotation de la Terre. Emportés par lui, nous naviguons pourtant autour du Soleil à la vitesse vertigineuse de 107 000 kilomètres à l'heure. Notre trajectoire (notre "orbite") n'est pas tout à fait ronde : c'est une ellipse, un cercle légèrement étiré.

ANNÉE SOLAIRE, ANNÉE CIVILE

Combien de temps la Terre met-elle pour faire un tour complet autour du Soleil ? Une année.

Dans le même temps, elle a fait 365 tours complets plus un quart de tour sur elle-même. Donc, une année dure 365 jours et un quart ? Oui... et non : tout dépend de quelle année on parle. L'année solaire, le temps mis par la Terre pour boucler une orbite, dure bien 365 jours un quart (365 j 5 h et 49 min pour être exact). Mais l'année civile, celle de notre calendrier, ne peut pas avoir des quarts de jour ! Elle dure donc soit 365 soit 366 jours.

Aujourd'hui, tout cela a l'air simple. Pourtant, on verra que ce fameux quart de tour a été longtemps un vrai casse-tête pour les savants chargés d'établir le calendrier...

Six mois plus tard, la Terre a glissé sur son orbite et notre perspective a changé. Les étoiles visibles la nuit sont justement celles qu'on ne pouvait pas voir six mois plus tôt ! En un an de voyage autour du Soleil, nous découvrons comme ça, par petits bouts, toute la toile de fond du ciel (à notre latitude, seules la Polaire et quelques étoiles proches d'elle sont toujours là la nuit).

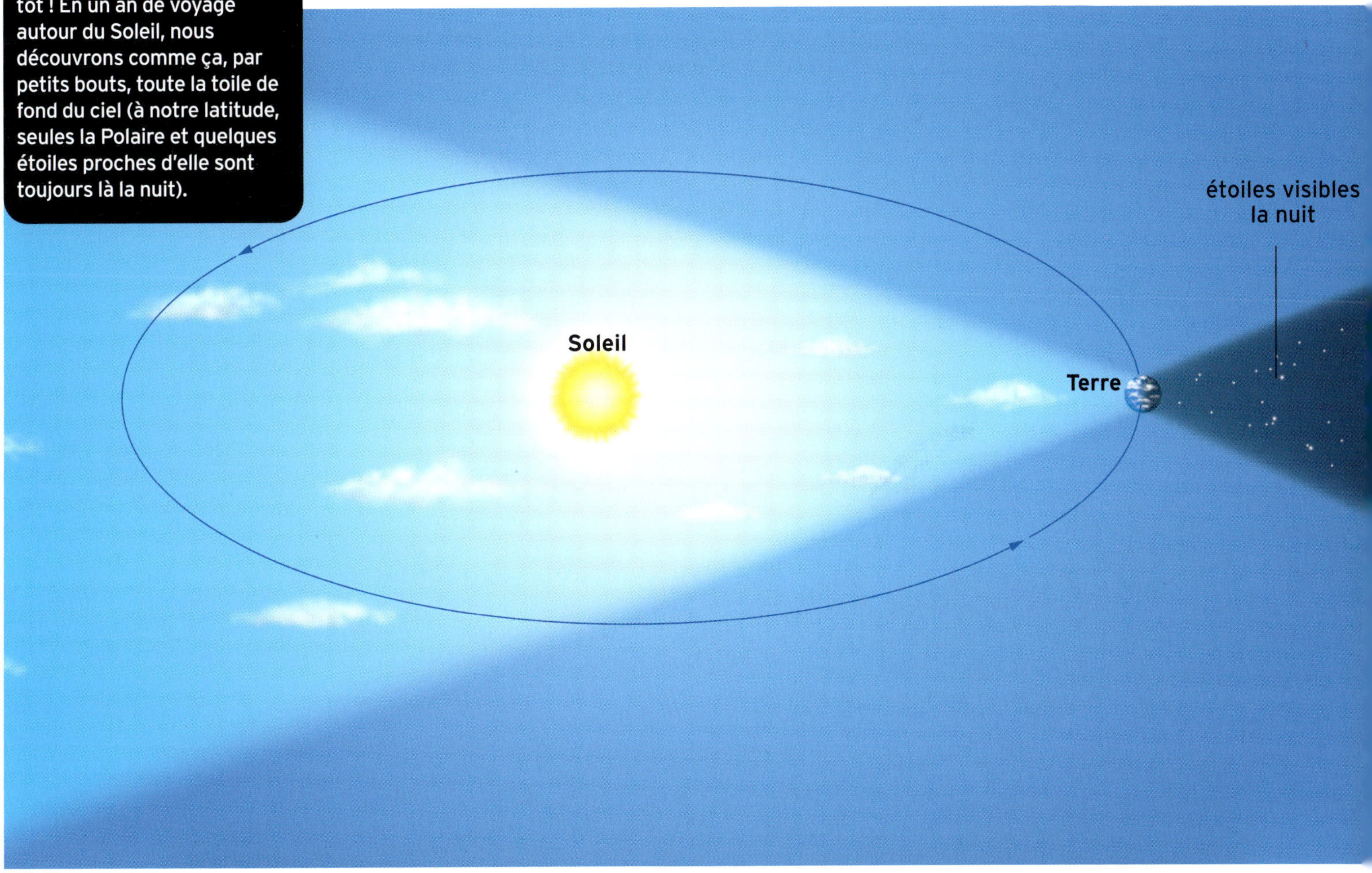

CERCLE OU ELLIPSE ?

Pour dessiner un cercle avec les moyens du bord (sans compas), il faut un clou planté sur une planche, une ficelle nouée en boucle et un crayon. Il suffit de faire passer le clou et le crayon dans la boucle, de vérifier que la ficelle est bien tendue et de tourner autour du clou avec la pointe du crayon.

Gardons la même méthode, mais à une nuance près : prenons deux clous. La ficelle bien tendue a maintenant une forme de triangle. En faisant tourner le crayon autour des deux clous, on obtient une sorte de cercle étiré : c'est une ellipse. La trajectoire de la Terre a cette forme, avec le Soleil situé à l'emplacement d'un des clous. Il n'y a rien à la place de l'autre clou.

LA RONDE DES SAISONS

Été, automne, hiver, printemps : le grand manège des saisons ne s'arrête jamais de tourner. Mais quand c'est l'été en France, c'est l'hiver dans l'hémisphère Sud !

Eté

Automne

Hiver

Printemps

POURQUOI DES SAISONS ?

Soleil de minuit en Norvège.

Pourquoi en France les nuits sont-elles si courtes en juin et interminables en décembre ? À quoi sont dues les saisons ?

À l'inclinaison de l'axe de rotation terrestre : autrement dit, à cet air penché de la Terre que l'on peut voir sur les globes terrestres. La Terre tourne sur elle-même, mais son axe (la ligne passant par les pôles) n'est pas perpendiculaire à sa trajectoire autour du Soleil. Il y a un angle de 23 degrés et demi qui change tout !

Imagine la Terre qui se déplace autour du Soleil tout au long de l'année, le pôle Nord pointant toujours obstinément dans la direction de l'étoile Polaire.

On commence par l'été dans l'hémisphère Nord. Le pôle Nord est éclairé par le Soleil, et quand la Terre tourne sur elle-même, il reste éclairé : c'est le "soleil de minuit". Trois mois plus tard, début de l'automne : la Terre a parcouru un quart de son orbite, et partout sur Terre, il y a douze heures de jour et douze heures de nuit. Trois mois ont passé : voici venu l'hiver, et le pôle Nord se trouve dans la nuit perpétuelle.

Encore trois mois plus tard, voici le printemps et de nouveau l'égalité des jours et des nuits ; trois mois de plus, nous voici revenus à l'été.

UNE HISTOIRE D'ANGLES

Pourquoi fait-il plus chaud en été qu'en hiver ? Il y a deux raisons à cela. D'abord, le Soleil est plus haut dans le ciel en été : ses rayons arrivent au sol plus près de la verticale et le chauffent plus fort. Et si on attrape des coups de soleil plutôt en plein midi qu'en fin de journée, c'est parce le Soleil est alors très haut dans le ciel. Ensuite, comme les journées sont plus longues, le sol et l'atmosphère ont davantage le temps de chauffer au Soleil !

LE JOUR LE PLUS LONG

Dans l'hémisphère Nord, au solstice de juin, le 21 ou le 22 juin, c'est le début de l'été. C'est le jour le plus long de l'année. À midi, le Soleil est très haut dans le ciel, et les ombres sont les plus courtes de l'année. Dans l'hémisphère Sud, on en est au début de l'hiver.

L'équinoxe d'automne a lieu soit le 22, soit le 23 septembre et marque le début de l'automne pour l'hémisphère Nord, et du printemps pour l'hémisphère Sud. À cette date-là, partout sur la Terre, le jour et la nuit font exactement douze heures.

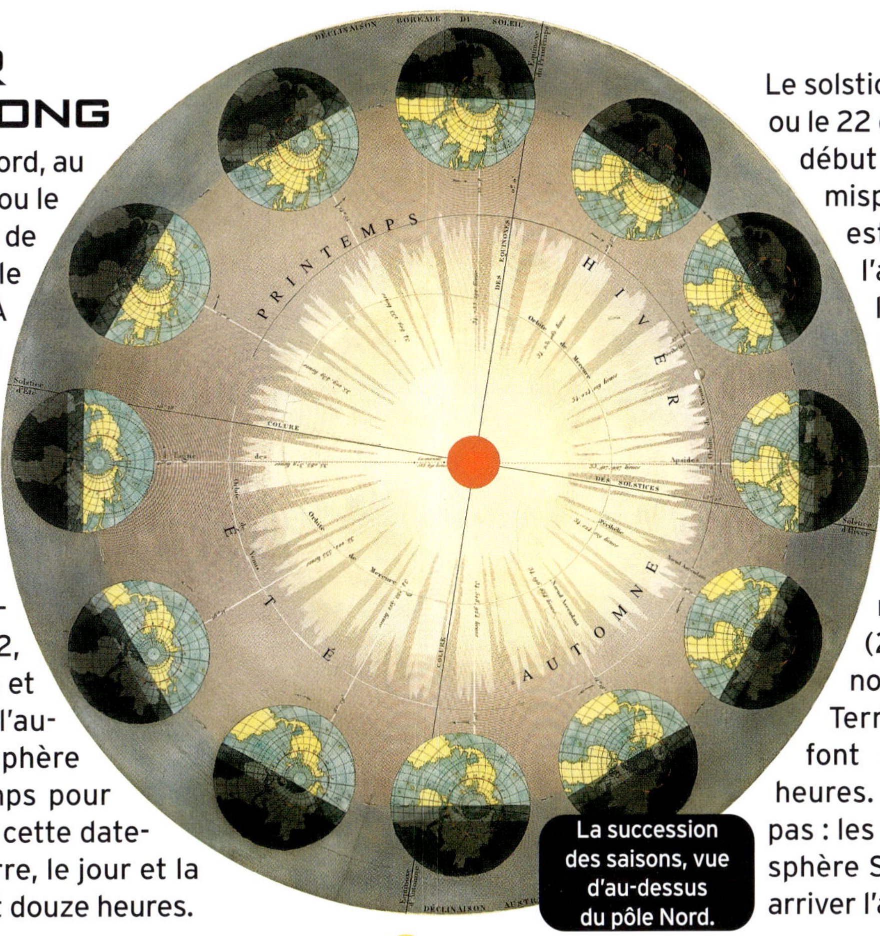

La succession des saisons, vue d'au-dessus du pôle Nord.

Le solstice de décembre, le 21 ou le 22 décembre, marque le début de l'hiver dans l'hémisphère Nord. La nuit y est la plus longue de l'année. Même à midi, le Soleil est bas dans le ciel, et les ombres sont très longues. L'été commence dans l'hémisphère Sud.

Et revoici le printemps avec l'équinoxe de printemps (20 ou 21 mars) : de nouveau, partout sur la Terre, le jour et la nuit font exactement douze heures. Mais ne l'oublions pas : les habitants de l'hémisphère Sud voient ce jour-là arriver l'automne !

LE VAISSEAU TERRE

FACE DE LUNE

Nouvelle lune, premier quartier, pleine lune, dernier quartier, et encore nouvelle lune : la ronde des phases de la Lune n'en finit jamais.

Lune décroissante

LES PHASES DE LA LUNE

Les phases de la Lune se suivent toujours dans le même ordre.

À la nouvelle lune, la Terre, la Lune et le Soleil sont alignés, et la partie de la Lune non éclairée par le Soleil nous fait face. Il est donc impossible de la voir !

Le lendemain, un fin croissant se couche à l'ouest, peu après le Soleil.

Quelques jours plus tard, c'est le premier quartier ; la Lune montre la moitié d'un disque, visible au sud quand le Soleil se couche.

Sept jours après le premier quartier, la pleine lune se lève à l'est au coucher du Soleil : le Soleil illumine tout le disque de la Lune.

Juste avant et après la pleine lune, c'est la lune gibbeuse, ce qui veut dire "bossue".

Sept jours après la pleine Lune, voici le dernier quartier.

Encore quelques jours, et la Lune se réduit à un fin croissant qui se lève juste avant le Soleil à l'est.

Et l'on revient à la nouvelle Lune. Partout sur la Terre, les phases de la Lune sont les mêmes et se succèdent dans le même ordre, tous les 29 jours et demi.

TERRE ET LUNE, LE COUPLE DE L'ANNÉE

Certaines nuits, elle ressemble à un grand disque lumineux accroché dans le ciel. D'autres nuits, elle prend la forme d'un fin croissant qui apparaît à l'horizon ouest peu de temps après le coucher du Soleil. Qui est-elle ? C'est notre satellite la Lune. Satellite et pas planète, parce que la Lune tourne autour de la Terre, et non autour du Soleil comme le font les planètes. Si la Terre n'a qu'un satellite naturel, elle a en revanche des centaines de satellites artificiels, comme la station spatiale internationale et le télescope spatial Hubble !

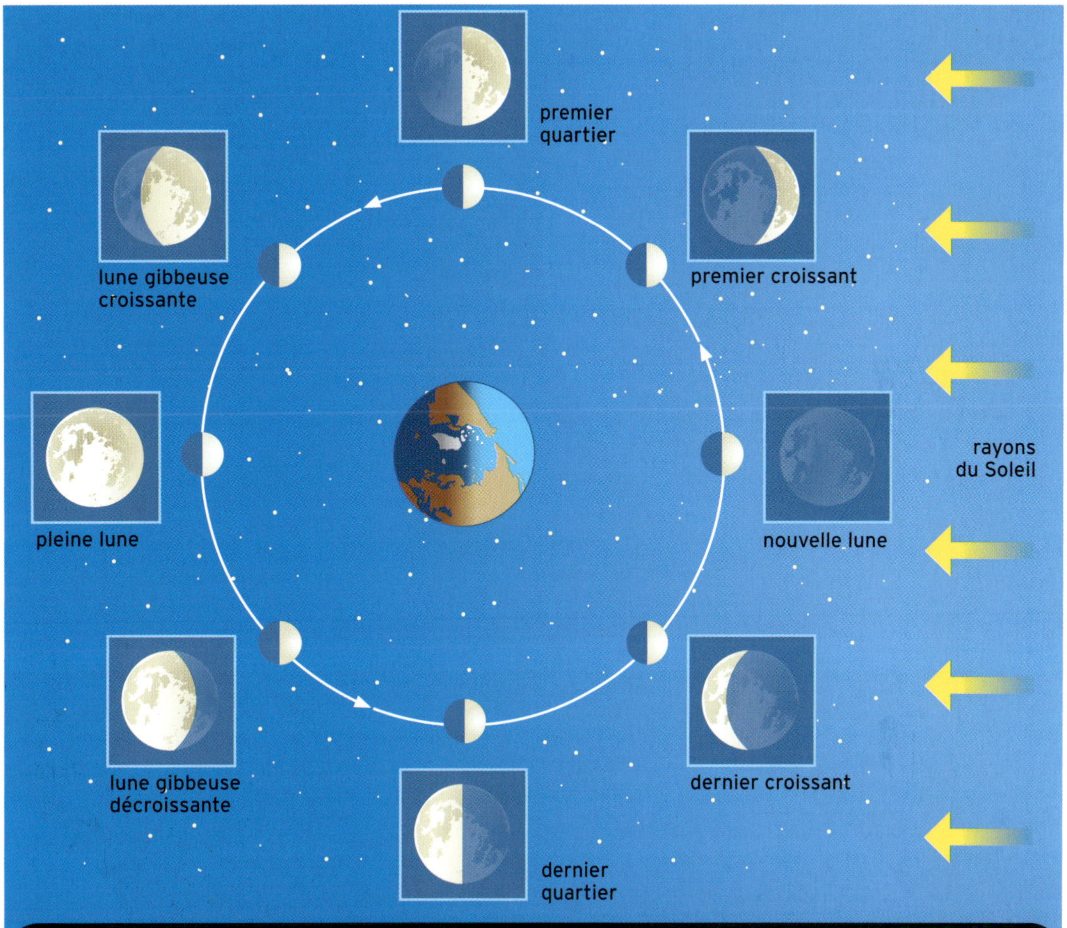

Pendant que la Lune tourne autour de la Terre (vue ici d'au-dessus du pôle Nord), elle a toujours une moitié éclairée par le Soleil et l'autre moitié dans l'ombre. Mais ce que l'on voit depuis la Terre (montré dans les carrés) dépend de la position de la Lune et de la Terre par rapport au Soleil. Par exemple, quand, depuis la Terre, on voit "en face" la moitié éclairée de la Lune, c'est la pleine Lune.

SOUS LES FEUX DU SOLEIL

Pourquoi la Lune est-elle aussi changeante ? Tout est affaire d'éclairage et de position. D'abord, la Lune est une sphère, comme la Terre et toutes les planètes du système solaire. Ensuite, la Lune ne produit pas de lumière : les planètes et les satellites ne sont visibles que quand ils sont éclairés par le Soleil (le seul astre du système solaire qui produit de la lumière, car c'est une étoile).

Maintenant, prenons une balle de ping-pong, collons-la sur un bâton et éclairons-la avec une lampe posée à hauteur de notre tête. Une moitié de la balle est éclairée, l'autre moitié est dans l'ombre.

Quand on regarde en face la partie éclairée, on voit un disque lumineux. Si on se déplace sur les côtés, on n'en voit plus que la moitié (un "quartier") ou bien un croissant).

GROS PLAN SUR...

LES PHASES DE LA LUNE

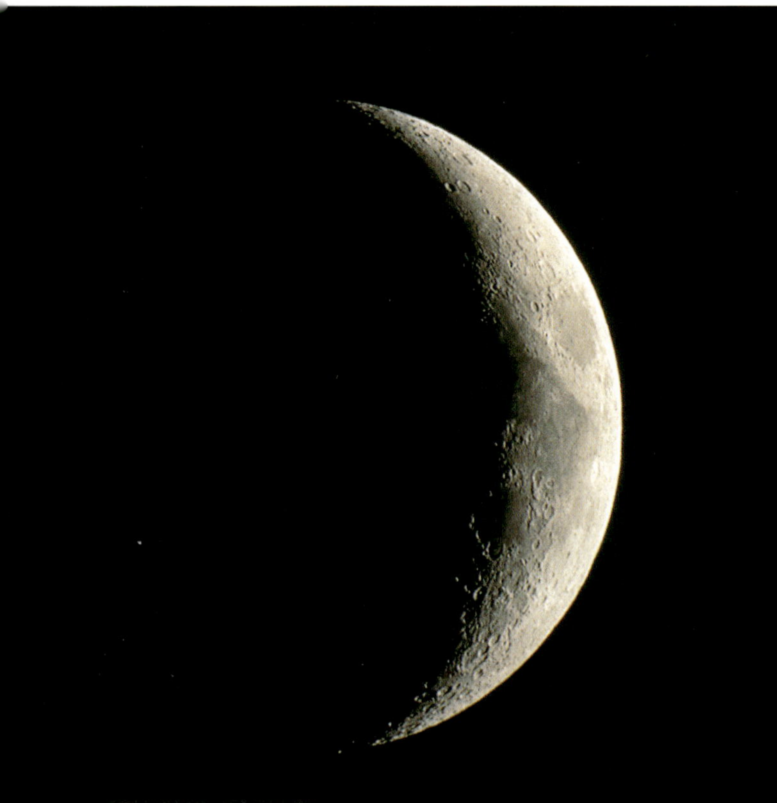

Premier croissant

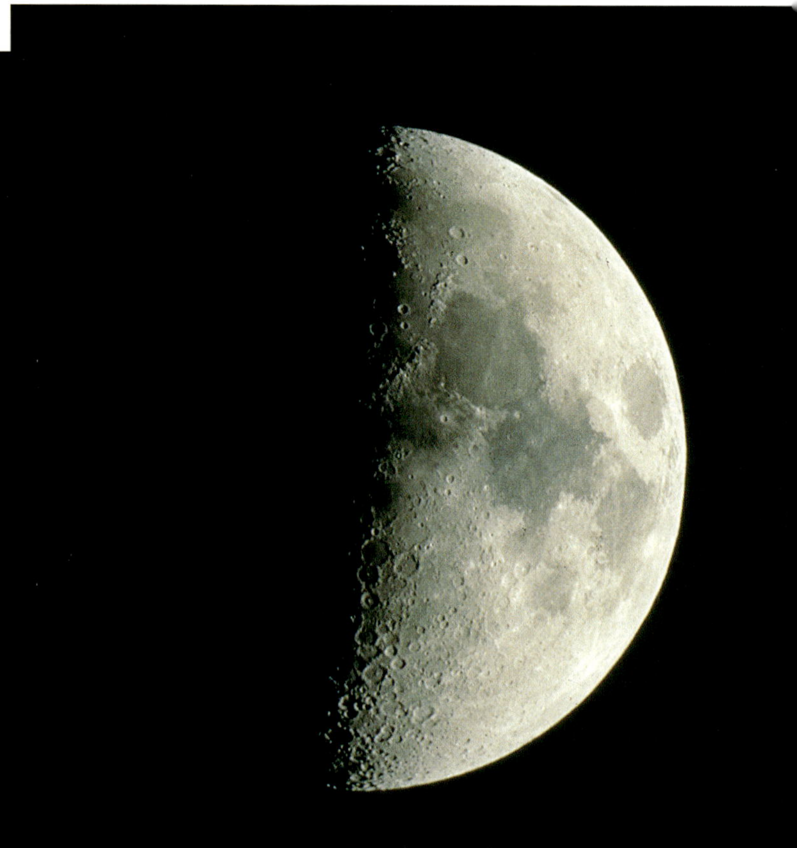

Premier quartier

Lune gibbeuse décroissante

Dernier quartier

Lune gibbeuse croissante

Pleine lune

Dernier croissant

QUELLE MENTEUSE, CETTE LUNE ! Dans l'hémisphère Nord, lorsqu'elle Croît (grossit), elle prend la forme d'un D majuscule. Et quand elle a la forme d'un C, elle Décroît. Vraiment, à qui se fier ? Heureusement, dans l'hémisphère Sud, les choses sont inversées (simplement parce qu'on est à l'envers) : le croissant en forme de C est bien celui de la lune croissante. Petite devinette : que se passe-t-il à l'équateur ? Eh bien, le croissant est horizontal...

Une autre façon de savoir si la Lune est croissante ou décroissante consiste à tracer une ligne le long des pointes du croissant. Si on obtient un P, c'est le Premier quartier et donc elle est croissante. Si on obtient un Q, c'est le dernier quartier. Tout ça pour l'hémisphère Nord, bien sûr !

La Lune est la reine de la nuit. Mais, attention, elle est souvent dans le ciel la journée. On peut voir de magnifiques quartiers de lune en plein jour !

MARÉE BASSE, MAREÉ HAUTE

Pleine lune ou nouvelle lune : on sait que la marée basse va être très basse et qu'on va pouvoir marcher loin de la côte. Mais que viennent faire ici les phases de la Lune ?

Marées de vives-eaux.

UN BOURRELET DE CHAQUE CÔTÉ

Avec les marées, la mer monte et baisse, baisse et monte... Qui est responsable des marées ?

En premier lieu, la Lune. Elle attire la Terre, et la Terre l'attire. Quand la Lune se trouve au-dessus d'un point de la surface terrestre, elle essaie de le rapprocher d'elle. Le sol rocheux ne se sent pas beaucoup concerné, mais les océans, qui sont liquides, montent vers la Lune. Cela crée un "bourrelet" dans la mer : on est à marée haute. Mais le plus surprenant, c'est qu'il se passe la même chose de d'autre côté de la Terre : il y a aussi un bourrelet ! La marée est donc haute non seulement dans la région qui est "sous" la Lune, mais aussi dans celle qui se trouve de l'autre côté de la Terre. Et comme la Terre tourne sur elle-même, on va avoir deux marées hautes par jour.

LE SOLEIL SE MET DE LA PARTIE

Le Soleil attire aussi les océans terrestres, et comme il est très gros, il y arrive très bien. À ce petit jeu-là, parfois la Lune et le Soleil se contrarient et tirent en sens inverse, cela se passe quand la Lune est en quartier. L'amplitude de ces marées "de mortes-eaux" est donc faible. Mais quand le Soleil et la Lune sont alignés, ils tirent ensemble, et les marées de pleine lune ou de nouvelle lune (les marées "de vives-eaux") peuvent être énormes !

Marées de mortes-eaux.

Le Mont-Saint-Michel à marée basse.

Le Mont-Saint-Michel à marée haute.

PAS DE MARÉES DANS LES LACS ?

Quand même, on sait bien qu'en Méditerranée, il n'y a guère de marées, alors qu'elles sont très fortes en Bretagne. Est-ce que les marées ne devraient pas être pareilles partout sur terre ?

S'il n'y avait pas de côtes, mais seulement un unique et vaste océan, ce serait vrai. Mais la présence de côtes change tout. Imaginons que l'on secoue en rythme (et doucement !) une grande cuvette pleine d'eau. On arrive à faire de très grosses vagues. Mais dans un verre, les vagues seront bien plus petites.

Pour les océans, il se passe un peu la même chose. Les marées les secouent en rythme, deux fois par jour. Quand il s'agit d'un vaste océan comme l'Atlantique, la marée peut devenir très haute et, sur certaines côtes, l'eau peut monter d'une douzaine de mètres entre la marée basse et la marée haute.

En revanche, pour une petite mer comme la Méditerranée, ou même un lac, la marée n'a pas le temps de prendre son élan, et elle est à peine visible. Une bonne chose pour les navigateurs, qui n'ont pas besoin de faire de grands calculs pour savoir si leur bateau risque de s'échouer !

Science ou fiction ?

LES MARÉES SOULÈVENT NON SEULEMENT LES OCÉANS, MAIS AUSSI LA CROÛTE TERRESTRE.

OUI. Au moment de la marée haute, la surface terrestre se soulève aussi, mais de quelques centimètres seulement.

LE CASSE-TÊTE DU CALENDRIER

Robinson Crusoë sur son île comptait le temps en faisant chaque jour une entaille sur un tronc. Pas très pratique... Solution : inventer le calendrier ! Mais quel calendrier ?

LE CIEL COMME MESURE DU TEMPS

Un calendrier sert à mesurer le temps qui passe sur des durées plus longues que quelques jours. Comment faire ?

Si on est courageux, on peut compter les jours, mais est-ce vraiment pratique ? On peut aussi essayer de profiter de ces horloges célestes que sont la Lune ou le Soleil, puisque la nouvelle lune aussi bien que les saisons reviennent de façon régulière et prévisible.

Une lunaison (un intervalle entre deux nouvelles lunes) dure à peu près 29 jours et demi. Une année solaire avec ses quatre saisons, printemps, été, automne, hiver, dure 365 j 5 h et 49 min : avec ça, il doit bien y avoir moyen de faire un calendrier.

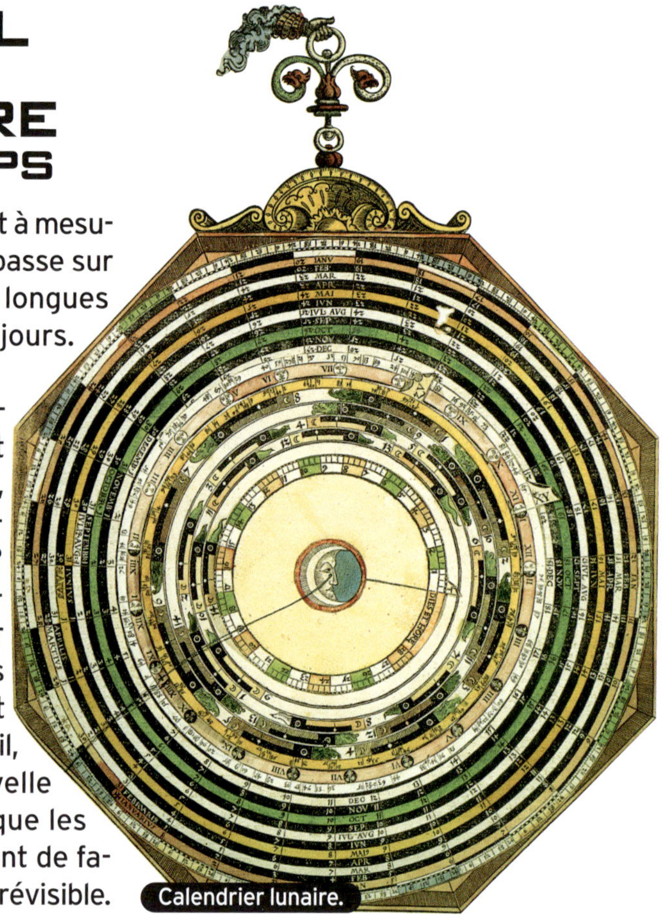

Calendrier lunaire.

CALENDRIERS LUNAIRES

Compter les lunaisons, c'est facile ! D'ailleurs le calendrier musulman, qui est lunaire, est utilisé dans de nombreux pays. Le principe : chaque année contient 12 mois de 29 ou 30 jours. Le mois commence quand on observe un fin croissant, juste après la nouvelle lune. La pleine lune se produit toujours au milieu du mois. Une année contient donc 354 ou 355 jours.

Mais cette année est trop courte de 11 jours par rapport à l'année solaire, et les mois se décalent d'autant par rapport aux saisons. Voilà pourquoi le mois de ramadan (le 9e mois lunaire), mois de jeûne pour les pratiquants de l'islam, ne se situe pas à dates fixes dans le calendrier que nous utilisons.

Calendrier égyptien.

Horloge astronomique de la mairie de Prague (République tchèque).

CALENDRIERS SOLAIRES

Les calendriers solaires, comme celui qu'on utilise en France, essaient de se caler sur les saisons. Il comporte aussi douze mois dans l'année, mais de 30 ou 31 jours, à l'exception de février. Du coup, la date n'a plus rien à voir avec les phases de la Lune.

Au total, les années normales durent 365 jours, et une année sur quatre est bissextile avec 366 jours. On place le 366e jour après le 28 février.

En moyenne, on en est à 365,25 jours, soit 365 j 6 h, ce qui est très près de la durée de l'année solaire. Le printemps et le début de toutes les saisons reviennent toujours à la même date à un jour près.

JULES ET AUGUSTE

Depuis 46 av. J.-C., nous devons le calendrier solaire à Jules César, ou plutôt à l'astronome grec qui avait fait les calculs, Sosigène, établi à Alexandrie.

Ce calendrier "julien" n'était pourtant pas tout à fait exact : l'année solaire durait 11 min 14 s de moins que 365,25 jours. Au bout de quelques centaines d'années, le décalage finit par se voir.

En 1582, avec la réforme du pape Grégoire XIII , on a décidé de supprimer certaines années bissextiles : toutes celles qui se terminent par deux zéros, sauf celles qui sont divisibles par quatre, comme 2000 ! Pas très simple, le calendrier grégorien, mais ça marche...

Mais pourquoi les mois de juillet et août ont-ils tous les deux 31 jours ? À cause de Jules César et de son successeur, Auguste. Juillet avait été nommé *julius* en latin en l'honneur de Jules César. Quand Auguste lui a succédé, lui aussi a eu son mois : *augustus* (août). Mais *augustus* ne comportait que 30 jours ! Ce n'était pas possible !

On a donc pris un jour à février et rallongé août d'autant : tant mieux pour les vacances.

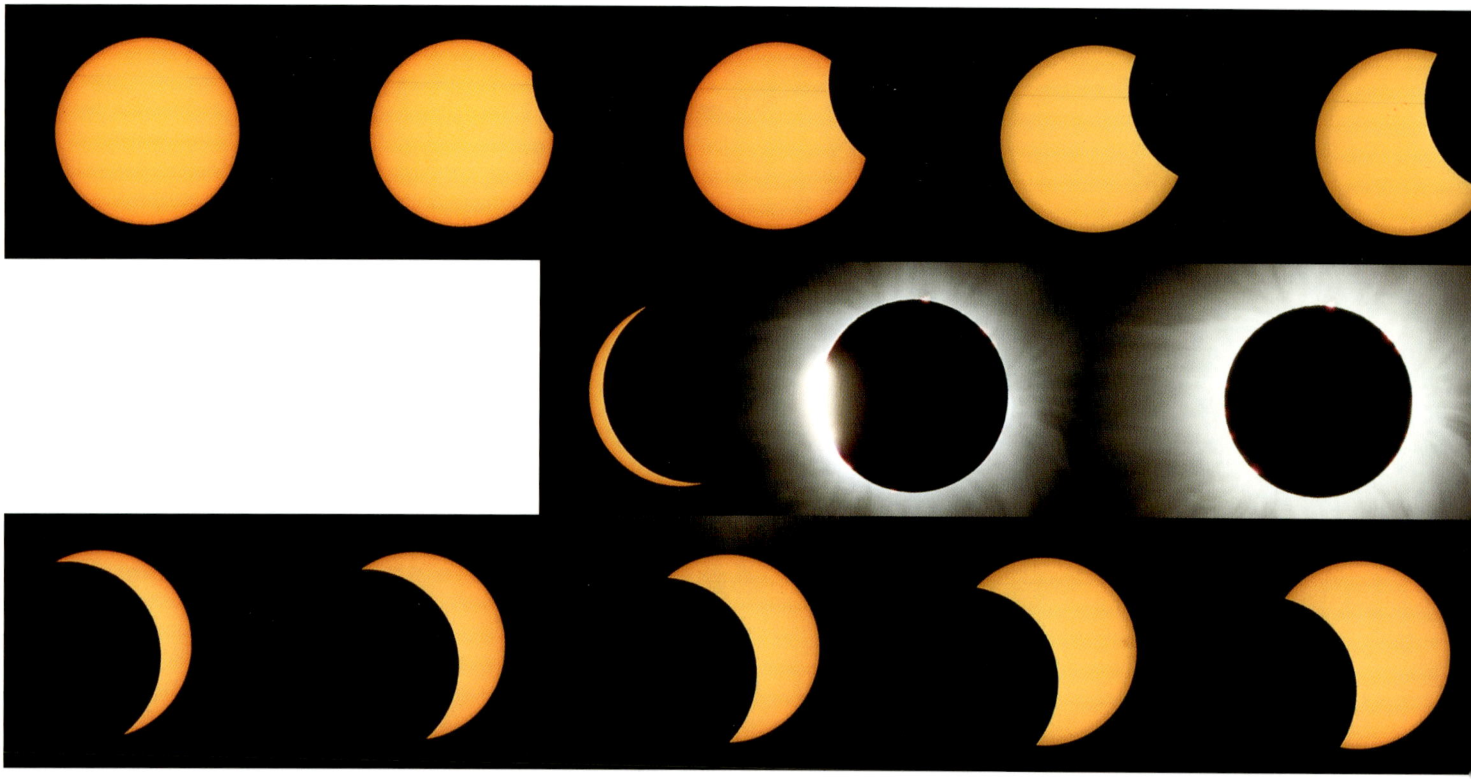

LE VAISSEAU TERRE

CACHE-CACHE DANS LE CIEL

Comme la Lune tourne autour de la Terre, qui tourne elle-même autour du Soleil, nos trois danseurs célestes se retrouvent parfois alignés. Pour le plus beau des spectacles : une éclipse.

LE SOLEIL DERRIÈRE LA LUNE

Les éclipses de Soleil se produisent quand la Lune s'intercale exactement entre la Terre et le Soleil. Ce n'est possible qu'à la nouvelle lune, mais pas à chaque fois (sinon, il y aurait des éclipses tous les mois !) : souvent, la nouvelle lune passe trop au-dessus ou au-dessous du Soleil. Parfois, la Lune réussit juste à grignoter le Soleil : l'éclipse est partielle.

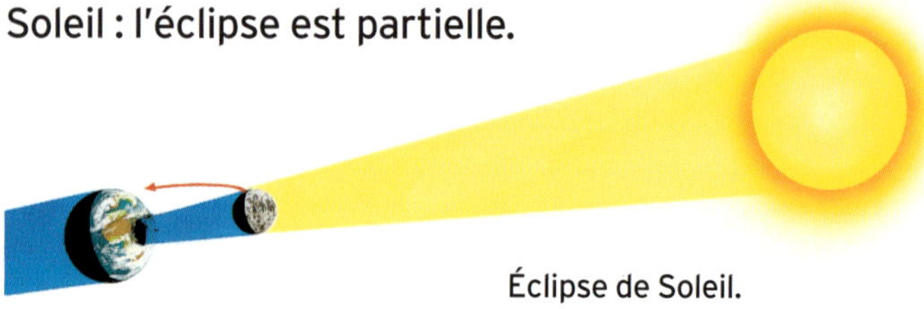

Éclipse de Soleil.

ÉCLIPSE TOTALE !

Parfois aussi, l'alignement est parfait. Pour quelques minutes, la Lune masque complètement le Soleil : c'est l'éclipse totale. L'obscurité tombe soudain et le Soleil devient noir – en Chine ancienne, on pensait qu'il était avalé par un dragon. Mais, attention ! tout le monde n'est pas convié au spectacle ! Une éclipse totale de Soleil ne touche qu'une toute petite région de la Terre : celle caressée par l'ombre de la Lune.

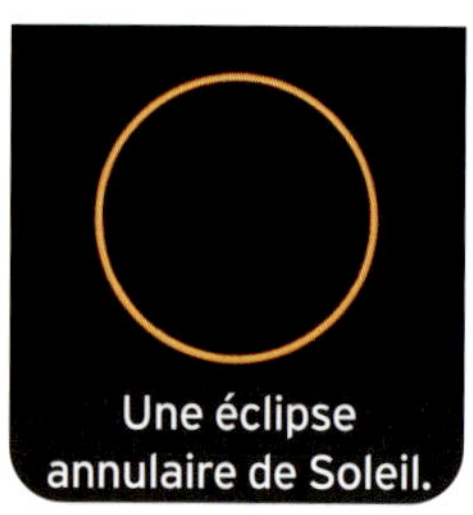

Une éclipse annulaire de Soleil.

Parfois enfin, l'alignement a beau être parfait, la Lune s'est avancée un pas de trop vers la Terre. Un mince anneau de Soleil reste alors visible : l'éclipse n'est pas totale, mais annulaire.

Le "film" d'une éclipse totale de Soleil.

En chiffres

La totalité d'une éclipse solaire (le moment où la Lune cache totalement le Soleil) dure au maximum

8

minutes.

Science ou fiction ?

LES ÉCLIPSES DU SOLEIL SE PRODUISENT EN PLEIN JOUR.

➡ **OUI.** Il faut bien que le Soleil soit dans le ciel pour que la Lune le cache ! Les éclipses de Lune, en revanche, surviennent durant la nuit (il faut que le Soleil soit "derrière" la Terre).

LA LUNE DERRIÈRE LA TERRE

Les éclipses de Lune se produisent quand la Terre s'intercale entre la Lune et le Soleil. Ce n'est possible qu'à la pleine lune et, là encore, pas à chaque fois. Lors de ces éclipses, c'est au tour de la Lune de plonger dans l'ombre de la Terre. Elle devient sombre car la Terre lui cache le Soleil. Souvent, à cause des rayons solaires qui jouent sur l'atmosphère terrestre, elle prend une teinte rouge. Cette fois, où que l'on soit sur terre, du moment qu'il fait nuit, on peut admirer le spectacle.

Éclipse de Lune.

Le "film" d'une éclipse de Lune.

SOUS LE CIEL ÉTOILÉ

Où l'on rencontre quelques habitants du ciel : des animaux, un Serpentaire et un Sagittaire, sans oublier une rivière de lait.

CIEL DES VILLES ET CIEL DES CHAMPS

La nuit, à part la Lune et quelques étoiles brillantes, il n'y a pas grand-chose à voir dans le ciel des villes. En pleine campagne, le spectacle commence à valoir le détour : des milliers d'étoiles scintillent dans le ciel nocturne. De quoi perdre la tête !

LES CONSTELLATIONS

Quelques constellations peintes à fresque (XVIe siècle).

Pour se repérer dans le ciel, tous les peuples ont eu l'idée de regrouper certaines étoiles. Ces étoiles que l'esprit humain décide d'associer dans le ciel, ce sont les constellations.

Même si on les dessine reliées par un trait, rien ne les attache entre elles. C'est juste un moyen commode de se repérer pour l'homme, et d'ailleurs les constellations sont différentes d'un peuple à un autre, sauf certaines qui sont vraiment évidentes comme la Grande Ourse.

Les étoiles ne bougent pas les unes par rapport aux autres ; les constellations ne changent donc pas, ce qui en fait des repères très pratiques. C'est vrai que, si on attend des centaines d'années, les étoiles auront un peu bougé, mais ce n'est pas le cas durant une vie humaine, qui est très courte.

La Voie lactée.

UN FLEUVE DE LAIT

Voici aussi la Voie lactée, cette grande traînée blanche qui traverse le ciel de l'été. On l'appelle aussi Galaxie, ce qui veut dire la même chose : lait ! En anglais, on dit pareil : *Milky Way* et en espagnol, *Vía láctea*.

Quand on regarde la Voie lactée avec un petit télescope, on s'aperçoit qu'elle est faite de milliers d'étoiles. Comme ces étoiles sont très éloignées de nous, notre œil n'arrive pas à les distinguer : nous ne voyons qu'une lueur blanche.

ASTRES VAGABONDS

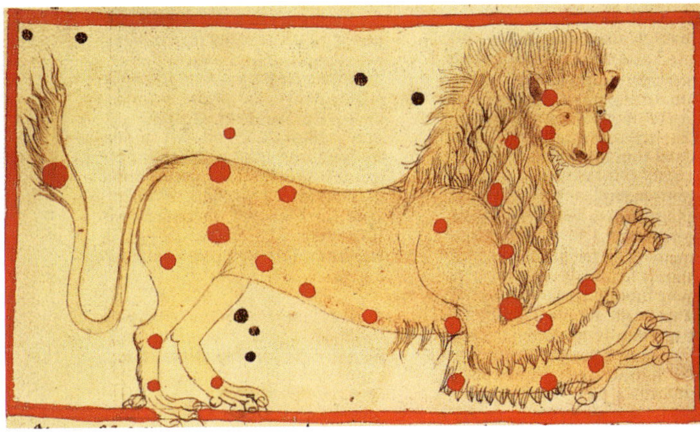

La constellation du Lion sur une carte du XVIe siècle.

Parmi les neuf planètes du système solaire, cinq sont visibles à l'œil nu dans le ciel la nuit : Mercure, Vénus, Mars, Jupiter et Saturne.

Pas de recette infaillible pour les trouver à coup sûr. Si le mot planète veut dire "vagabond" en grec, c'est parce que les planètes ne se trouvent pas toujours dans la même position par rapport aux étoiles.

D'une nuit à l'autre, les planètes se déplacent par rapport au fond étoilé, comme le fait la Lune. Comment les trouver ? Il faut déjà bien connaître les constellations et surtout celles du zodiaque. Il y en a treize qui forment une large bande dans le ciel : Poissons, Bélier, Taureau, Gémeaux, Cancer, Lion, Vierge, Balance, Scorpion, Ophiucus dit aussi le Serpentaire, Sagittaire, Capricorne, Verseau. Les planètes se trouvent toujours dans le zodiaque, et si on voit un point brillant qui se déplace d'une nuit à l'autre, on a repéré une planète. Peu de gens savent d'ailleurs que le mot zodiaque a la même origine que le mot "zoo" et fait référence aux animaux. Pas étonnant, avec toutes les bestioles qui peuplent cette partie du ciel !

Le Sagittaire représenté sur un manuscrit arabe du XVe siècle.

En chiffres

5 532

c'est le nombre exact d'étoiles visibles à l'œil nu. Non, c'est une blague : en réalité, tout dépend de la saison, de l'hémisphère, de la noirceur du ciel (on voit moins d'étoiles près des lumières d'une ville, ou si la Lune est pleine). En gros, par une belle nuit, on peut voir de 5 000 à 6 000 étoiles sur tout le ciel.

PLEINS FEUX SUR LA LUMIÈRE

Sans la lumière, les astronomes ne sauraient rien, ou presque, de l'Univers. Ils doivent la capturer, puis l'étudier sous toutes les coutures pour qu'elle livre ses secrets.

Coucher de soleil aux Bahamas.

HUIT MINUTES DE DÉCALAGE

En fin de journée, au moment où on voit le Soleil disparaître à l'horizon, il est déjà couché depuis huit minutes ! Par quel prodige ? Parce que la lumière qu'il nous envoie met huit minutes pour voyager jusqu'à la Terre. Nous le voyons donc toujours avec huit minutes de retard.

300 000 KM À LA SECONDE

La lumière va vite, très vite même : elle parcourt 299 792 kilomètres à la seconde (on arrondit souvent en disant 300 000). Rien, absolument rien dans la nature ne peut aller plus vite qu'elle.

Ce n'est pas le son qui dira le contraire. Il est beaucoup plus lent que la lumière : c'est pourquoi on voit toujours l'éclair lumineux de la foudre avant d'entendre le tonnerre.

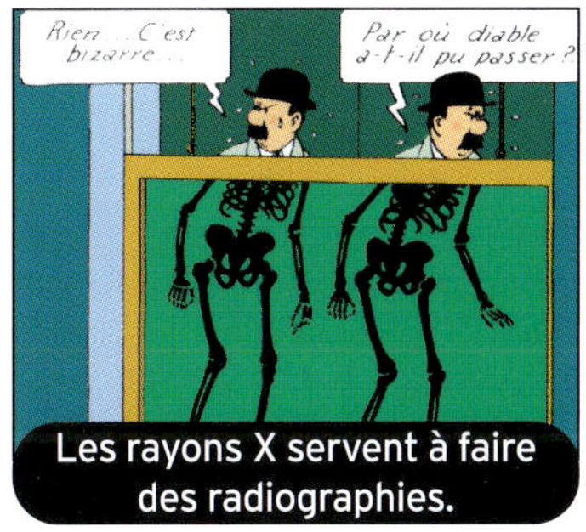

Les rayons X servent à faire des radiographies.

Des éclairs dans le ciel de Tucson (Arizona).

Arc-en-ciel en Islande.

LUMIÈRES INVISIBLES

La lumière est le seul message qui nous arrive des astres. Or l'œil humain ne capte qu'une toute petite partie de ce message. Il ne voit que la lumière visible (comme son nom l'indique) et ses différentes couleurs : rouge, orangé, jaune, vert, bleu et violet.

De même qu'il existe des sons que l'oreille n'entend pas, comme les ultrasons, il existe des lumières invisibles à l'œil nu. Les rayons ultraviolets, comme ceux que le Soleil émet et qui sont dangereux pour notre peau, en font partie. Il y en a d'autres : les rayons gamma, les rayons X, les rayons infrarouges et les ondes radio. Les astronomes ont de précieux instruments pour recueillir toutes ces lumières : les télescopes.

SON ET LUMIÈRE

Comme le son, ou comme les ronds qui se forment dans l'eau quand on y jette un caillou, la lumière est une onde. Mais elle n'a pas besoin d'un "support" pour voyager, alors que les ronds ont besoin de l'eau pour exister et que le son a, lui aussi, besoin de matière (comme celle de l'eau ou celle de l'air) pour se propager. Donc, le son ne circule pas dans le vide de l'espace, mais la lumière, si.

Dans l'espace, on ne s'entend pas crier, mais on peut voir la lumière d'une lampe torche ! Et on voit les astres briller. Heureusement pour les astronomes !

Science ou fiction ?

LES ONDES RADIO SONT UNE LUMIÈRE.

OUI. Si bizarre que cela paraisse. Si elles étaient un son, elles ne se propageraient pas dans le vide de l'espace (et on ne pourrait même pas être en liaison radio avec les sondes spatiales).

La Lune est à 380 000 kilomètres de nous, même si elle semble très proche sur cette photo.

UNE MESURE POUR LES ASTRONOMES

Prêt pour le plongeon dans le grand Univers ? Minute ! Aucun voyageur ne se lance comme ça sur les routes du ciel sans avoir une petite idée des distances qu'il va parcourir.

C'EST ENCORE LOIN, L'UNIVERS ?

Dans la vie de tous les jours, le mètre est une unité de mesure largement suffisante, que l'on veuille connaître les dimensions des pièces de sa maison ou savoir que la boulangerie est à 100 mètres de chez soi. Mais, dès qu'on voyage un peu, les kilomètres deviennent plus commodes !

Avec le kilomètre (égal à 1 000 mètres) comme unité de mesure, on peut faire le tour de la Terre : 40 000 kilomètres. On peut décrocher la lune, à 380 000 kilomètres de nous. On peut même se dorer au soleil. Certes, le Soleil est très loin de la Terre, mais les kilomètres suffisent encore pour évaluer sa distance : il en faut "juste" 150 millions !

En fait, dans tout le système solaire, les kilomètres fonctionnent.

BALLONS DE FOOT ET GRAIN DE POIVRE

Quarante-cinq millions de millions de kilomètres : la distance qui nous sépare d'Alpha du Centaure est déjà fantastique ! Pour s'en rendre vraiment compte, imaginons que, d'un coup de baguette magique, on rapetisse tout. Le Soleil et Alpha du Centaure sont à présent grands comme des ballons de football. À cette échelle, ils sont encore séparés par 9 000 kilomètres. Un ballon de foot à Paris, l'autre à Rio de Janeiro : on ne peut pas dire que le Soleil soit gêné par sa voisine ! Quant à la Terre, elle a maintenant la taille d'un grain de poivre, situé à 30 mètres du ballon-Soleil. La Lune, plus petite qu'une tête d'épingle, tourne à 8 centimètres de la Terre.

MILLE MILLIARDS DE KILOMÈTRES

Mais dès qu'on arrive à la première étoile, tout se corse. L'étoile la plus proche de nous s'appelle Alpha du Centaure, et elle se trouve trois cent mille fois plus loin que le Soleil ne l'est de nous. Autrement dit, elle est à 45 millions de millions (ou 45 milliers de milliards, c'est pareil) de kilomètres, ce qui n'est plus du tout facile ni à compter, ni à prononcer. Et encore, il s'agit de la plus proche, alors que dire de toutes les autres ? L'étoile Polaire, elle, se situe à 4 000 millions de millions de kilomètres. Stop !

Science ou fiction ?

L'ANNÉE-LUMIÈRE EST UNE DISTANCE.

OUI. Même si son nom ne l'indique pas. À cause du mot „année", on croit souvent qu'elle mesure un temps !

BONNE ANNÉE-LUMIÈRE !

Les astronomes attraperaient le tournis s'ils jonglaient comme cela tout le temps avec les millions de millions de kilomètres. Heureusement, ils ont inventé une unité de mesure beaucoup plus pratique dès qu'on quitte le système solaire : l'année-lumière.

L'année-lumière est la distance que la lumière parcourt en un an. Elle vaut 10 millions de millions de kilomètres. Avec elle, tout devient simple : Alpha du Centaure se trouve à 4 années-lumière et demie, et l'étoile Polaire à 400 années-lumière. Pour aller jusqu'au bout de l'Univers connu, il faudra au moins parcourir 10 milliards d'années-lumière. Mais, chut, nous n'en sommes pas là...

Le ciel à l'honneur

D'étranges constellations et des croissants de lune un peu bizarres : ce qu'on voit sur les drapeaux a de quoi faire frémir les astronomes !

Étoiles à cinq, six, et même sept branches : il y a bien des étoiles sur les drapeaux. Mais comme ces constellations sont bizarres ! Douze étoiles bien rangées en cercle comme sur le drapeau de l'Union Européenne, en demi-cercle pour celui du

Australie

Venezuela

Venezuela... Cela ne ressemble guère à ce que l'on voit dans le ciel. Une exception : sur le drapeau de trois pays de l'hémisphère Sud, Australie, Nouvelle-Zélande et Papouasie - Nouvelle Guinée, une vraie constellation céleste, tout à fait officielle, la Croix du Sud. C'est la constel-

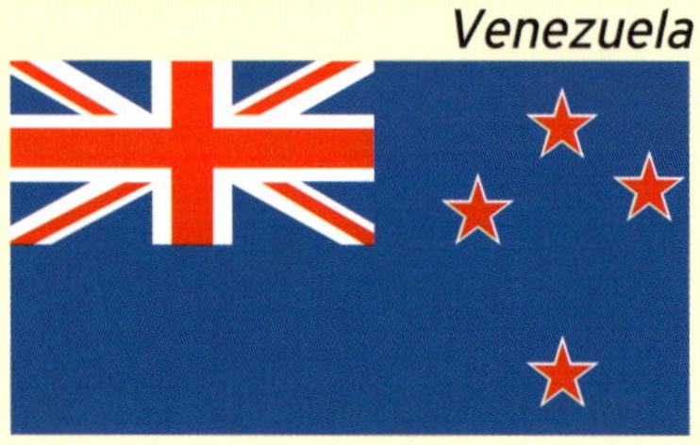
Nouvelle-Zélande

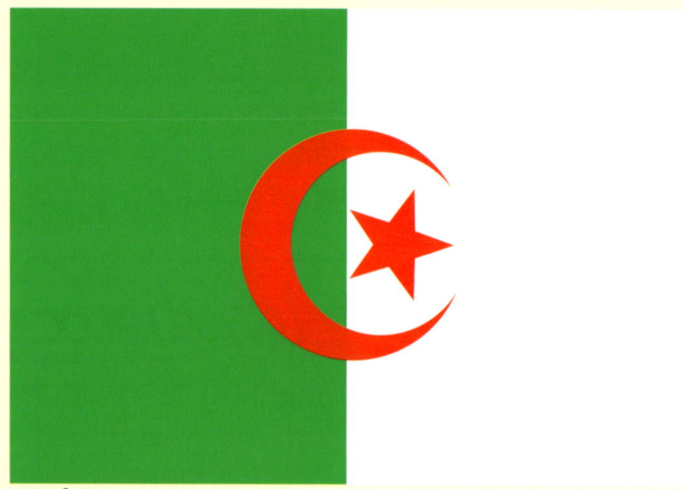
Algérie

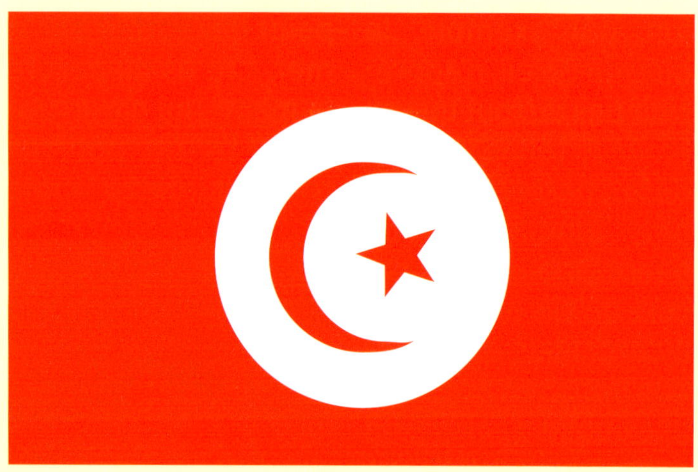
Tunisie

lation la plus proche du pôle Sud céleste, un peu comme l'étoile Polaire indique le pôle Nord céleste. Curieusement, les Australiens y voient deux étoiles de plus que les Néo-Zélandais ! Aurait-on la vue plus perçante en Australie ? Le Soleil est à l'honneur, au Japon "pays du Soleil-

Papouasie - Nouvelle-Guinée

Japon

Union européenne

Levant". Les croissants de lune ont inspiré beaucoup de pays. Le croissant de lune a d'abord été l'emblème de l'Empire ottoman, puis celui de la plupart des pays musulmans. Un joli symbole, mais parfois pas très exact du point de vue de l'astronome : la Lune n'est pas "creuse", et ce serait bien étonnant d'arriver à voir une étoile entre les cornes du croissant, comme sur le drapeau de la Tunisie! Et si on veut vraiment chercher la petite bête, ces croissants de lune ont bien souvent des cornes un peu trop longues : un vrai croissant céleste a la pointe de ses cornes située aux deux extrémités d'un diamètre du disque lunaire. Sur le drapeau de l'Algérie, les cornes du croissant se touchent presque ; et ça, personne ne le verra jamais dans le ciel !

EN BREF

Où rencontrer à la fois Aristarque, Copernic, Galilée et Kepler ?
Sur la Lune : ils ont tous donné leur nom à un cratère lunaire.

Révolutionnaire : le calendrier républicain

Après la Révolution française (en 1792), on décida de faire table rase du calendrier, d'oublier ces vieilles histoires qui dataient de Jules César et du pape Grégoire XIII et, surtout, de ne plus utiliser les noms de saints pour désigner les jours de l'année. Il fut donc décidé :

1) de commencer l'année à l'équinoxe d'automne ;
2) d'avoir 12 mois de 30 jours groupés en 3 décades de 10 jours, ce qui fait 360 ;
3) de finir l'année avec 5 ou 6 jours complémentaires ;
4) de donner à chaque jour le nom d'un produit agricole au lieu de celui d'un saint (il y avait le jour "charrue", le jour "pressoir").

Les noms des mois devaient rappeler les saisons et les travaux des champs. Il y avait, dans l'ordre : pour l'automne, vendémiaire, brumaire, frimaire ; pour l'hiver, nivôse, pluviôse, ventôse ; pour le printemps, germinal, floréal, prairial ; et pour l'été, messidor, thermidor, fructidor. Ce calendrier se voulait universel, mais on avait oublié une petite chose : les saisons de l'hémisphère Sud sont inversées par rapport à celles de l'hémisphère Nord...

Le calendrier républicain a été en usage jusqu'au 1er juillet 1806, mais il n'a jamais vraiment été accepté. D'autres réformes de cette époque ont fini par prendre, comme celle du système métrique, mais il a fallu longtemps !

Le mois de ventôse du calendrier révolutionnaire commençait le 19, le 20 ou le 21 février et finissait le 20 ou le 21 mars.

Les mots du ciel

On demande quelquefois la lune ? On dort aussi parfois à la belle étoile ? Mais dans quelles circonstances fait-on un soleil ?

La lune

ÊTRE DANS LA LUNE : être rêveur
ÊTRE MAL LUNÉ : être de mauvaise humeur
UN COUP DE PIED À LA LUNE : un plongeon où les pieds partent en premier vers le ciel
DEMANDER, PROMETTRE LA LUNE : demander quelque chose d'impossible
LUNATIQUE : d'humeur changeante
TOMBER DE LA LUNE (OU TOMBER DES NUES) : être très surpris
DÉCROCHER LA LUNE : réussir quelque chose de très difficile
UNE LUNE DE MIEL : le mois après le mariage...
DEPUIS DES LUNES : depuis bien longtemps

Le soleil

UN SOLEIL DE PLOMB : quand il fait vraiment très chaud
FONDRE COMME NEIGE AU SOLEIL : disparaître très rapidement
RIEN DE NOUVEAU SOUS LE SOLEIL : se dit quand quelque chose n'a rien d'extraordinaire
SE FAIRE UNE PLACE AU SOLEIL : réussir dans les affaires
LE SOLEIL BRILLE POUR TOUT LE MONDE : tout le monde a droit à sa chance

Le jour

COULER DES JOURS HEUREUX : avoir une vie sans histoires
BEAU COMME LE JOUR : vraiment très beau !
C'EST CLAIR COMME LE JOUR : c'est évident
C'EST LE JOUR ET LA NUIT : se dit de choses opposées

FAIRE QUELQUE CHOSE AU GRAND JOUR : sans se cacher du tout

Le ciel

GRÂCE AU CIEL : heureusement
À CIEL OUVERT : un bâtiment qui n'a pas de toit
REMUER CIEL ET TERRE : chercher quelque chose par tous les moyens
TOMBER DU CIEL : arriver sans prévenir
ÊTRE AU SEPTIÈME CIEL : être très heureux
ENTRE CIEL ET TERRE : en l'air

Les étoiles

BEAU COMME UN ASTRE : vraiment magnifique !
ETRE NÉ SOUS UNE BONNE (UNE MAUVAISE) ÉTOILE : avoir de la chance (de la malchance)
DORMIR À LA BELLE ÉTOILE : dormir dehors
AVOIR CONFIANCE EN SON ÉTOILE : avoir confiance en sa chance

SOLA

SOMMAIRE

LE SYSTÈME
IRE

Avec ses sœurs les planètes, et ses cousins, astéroïdes ou comètes, notre terre fait partie d'une grande tribu : celle du système solaire.

NEUF PLANÈTES ET UN SOLEIL

Elles sont toutes nées presque en même temps, mais ce sont de fausses jumelles : quelle variété dans les planètes du système solaire, leur taille et leur aspect !

UNE GRANDE FAMILLE

Neuf sœurs, neuf planètes : dans l'ordre, en partant du Soleil, Mercure, Vénus, la Terre, Mars, Jupiter, Saturne, Uranus, Neptune et Pluton. On connaît les six premières depuis l'Antiquité car elles sont visibles à l'œil nu. Les autres ont été découvertes grâce à des télescopes.

Pour qu'un astre mérite le nom de planète, il faut deux choses : un, qu'il tourne (on dit qu'il "gravite" ou qu'il est "en orbite") autour du Soleil ; deux, qu'il ait une certaine taille. Car il y a des millions de petits cailloux et de gros rochers qui gravitent autour du Soleil, les astéroïdes. Ils sont trop petits pour mériter le nom de planètes. N'oublions pas les comètes : elles aussi tournent autour du Soleil.

Truc utile

Deux phrases pour se rappeler le nom des planètes dans l'ordre : la première lettre de chaque mot est l'initiale du nom d'une planète, ce qui fait MVTMJSUNP.
Maman Viendras-Tu MangerJeudi Sur Une Nappe Propre ?
Mon Vaisseau T'emmènera Marcher Jeudi Sur Une Nouvelle Planète.

ÉTOILE OU PLANÈTE ?

On confond quelquefois les deux mots. Mais ce n'est pas du tout la même chose : une étoile émet de la lumière, alors qu'une planète n'est pas lumineuse par elle-même.

Sans une étoile pour l'éclairer, on ne risque pas de voir une planète !

LE GRAND MANÈGE

Ce système solaire donne vraiment le tournis. Toutes les planètes tournent autour du Soleil, et toutes dans le même sens. Plus elles sont loin du Soleil, plus elles mettent de temps à boucler le tour (on appelle cela une révolution !) : un quart d'année terrestre pour Mercure, contre presque 250 ans pour Pluton. Elles tournent aussi toutes sur elles-mêmes comme des toupies. Les planètes géantes font ça à une allure folle : Jupiter ne met que 0,41 de nos jours terrestres à se retourner, alors que les planètes rocheuses sont plus raisonnables. La plus lente est Vénus, avec 243 jours, et en plus elle tourne dans le sens inverse de toutes les autres...

PLANÈTES DE ROCHES

Mercure, Vénus, la Terre, Mars sont les quatre planètes rocheuses. Ce sont les plus proches du Soleil : elles sont petites et ont un sol rocheux.

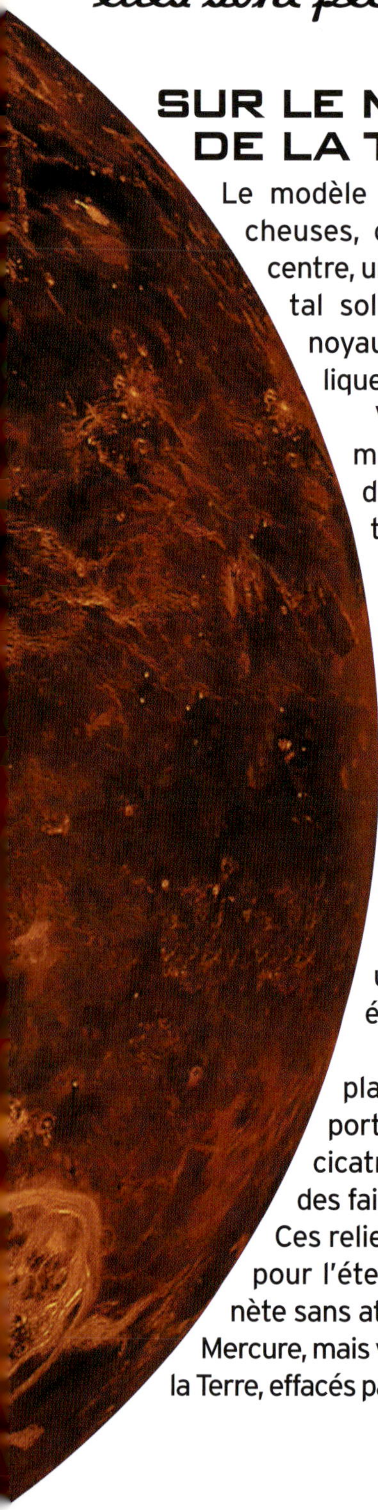

SUR LE MODÈLE DE LA TERRE

Le modèle des planètes rocheuses, c'est la Terre. Au centre, une "graine" de métal solidifié ; autour, le noyau, liquide et métallique.

Vient ensuite le manteau constitué de roches très pâteuses. Puis la croûte solide, épaisse de quelques kilomètres sous les océans et de 30 kilomètres sous les continents. Pour les autres planètes, seuls les ingrédients changent : une graine un peu plus grosse, une croûte plus épaisse...

La croûte des planètes rocheuses porte toutes sortes de cicatrices : des volcans, des failles et des falaises. Ces reliefs sont là presque pour l'éternité sur une planète sans atmosphère comme Mercure, mais vont disparaître sur la Terre, effacés par le vent et la pluie.

Mercure

ATMOSPHÈRES

À part Mercure, les trois autres planètes rocheuses ont une atmosphère. Celle de Vénus et Mars contient beaucoup de gaz carbonique, celle de la Terre est composée d'azote et surtout d'oxygène. Ce sont les êtres vivants, plantes et animaux, qui ont modifié la composition de l'atmosphère de la Terre et lui ont donné de l'air respirable.

Mars

La Terre

CHAUD ET FROID

Pourquoi ces quatre planètes sont-elles à la fois semblables et différentes ? Deux raisons : leur taille et leur distance au Soleil. Les scientifiques pensent que, pour qu'une planète puisse abriter la vie, il faut qu'il puisse y avoir de l'eau sous forme liquide. Donc la température ne doit ni dépasser 100 °C, ni descendre en dessous de 0 °C. Bien sûr, plus on est près du Soleil, plus ça chauffe !

À 45 millions de kilomètres du Soleil, Mercure est bien trop près ; en plus, elle est trop petite pour retenir une atmosphère. Vénus n'a pas ce problème de taille, mais elle est toujours trop près du Soleil, à 108 millions de kilomètres. Mars est trop loin, donc trop froide. L'histoire de Vénus, Mars et la Terre fait penser à celle de Boucle d'or : une des planètes était trop chaude, l'autre trop froide, et la dernière, la Terre, à 150 millions de kilomètres du Soleil, était juste bien.

PLANÈTES GAZEUSES

Bienvenue au royaume des planètes géantes : Neptune, Saturne, Uranus et Jupiter. Comme ce sont d'énormes boules de gaz, on les appelle aussi les planètes gazeuses.

La grande tache rouge de Jupiter.

En chiffres

Les masses des quatre géantes prises ensemble constituent plus de **99 %** de celle de toutes les planètes. À elle seule, la masse de Jupiter représente **70 %** de celle des neuf planètes du système solaire réunies.

QUATRE GÉANTES VRAIMENT GÉANTES !

Notre planète la Terre prend des allures de petit moucheron quand on la compare à ses sœurs les géantes : Jupiter est onze fois plus grande qu'elle, Saturne neuf fois, Uranus et Neptune quatre fois ! En plus, elles sont toutes les quatre entourées d'un cortège de satellites qui les fait ressembler à des systèmes solaires en miniature, et toutes les quatre possèdent des anneaux.

Aucune planète rocheuse ne peut rivaliser avec elles !

DES NUAGES
DE GAZ TOXIQUE

Une planète géante, c'est avant tout une atmosphère très épaisse. Une atmosphère, donc du gaz, et surtout de l'hydrogène (l'élément le plus abondant dans le cosmos), avec un peu d'hélium (le deuxième élément le plus abondant après l'hydrogène).

Plus on s'enfonce dans cette enveloppe de gaz, plus la brume s'épaissit, au point de devenir une vraie purée de pois ! Il flotte par endroits de la vapeur d'eau, mais aussi des nuages beaucoup moins sympathiques : ils sont chargés de méthane et d'ammoniac (deux gaz qui, à forte dose, sont toxiques pour les humains).

Saturne

DES NOYAUX
PLUS GROS QUE LA TERRE

Qu'y a-t-il sous le gaz ? Il n'est pas facile du tout de répondre à cette question : les entrailles des quatre géantes restent encore bien mystérieuses.

Imaginons qu'un petit robot particulièrement résistant descende dans les profondeurs d'une de ces planètes : passé un certain point, le robot ne trouvera plus de gaz, mais des couches liquides. Beaucoup plus bas encore, il butera sur un noyau. Les noyaux des planètes géantes sont tous plus gros que la Terre. Leur température dépasse allègrement les... 10 000 °C ! Ils doivent ressembler à une mixture de roches fondues.

Neptune

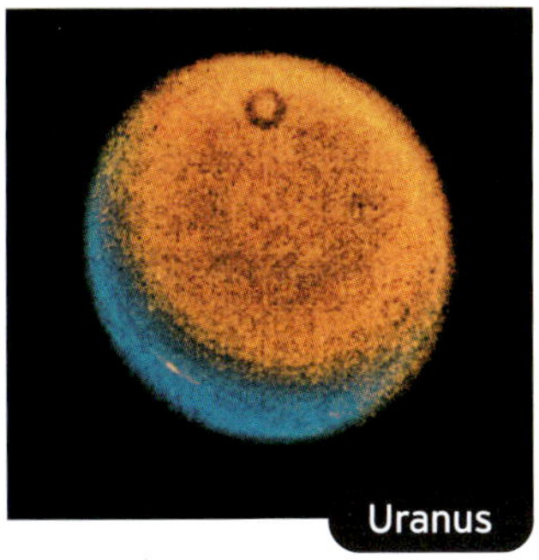
Uranus

TEMPÊTES ET OURAGANS

Étudier les planètes géantes, c'est un peu faire de la météorologie.

Leurs atmosphères sont souvent turbulentes, et il peut y souffler des vents très violents : sur Saturne, ils font des pointes à 1 400 km/h (sur la Terre, à partir de 94 km/h, c'est la tempête). Parfois, ces vents se mettent à tourbillonner et forment des cyclones géants.

La grande tache rouge de Jupiter, bien visible dans l'hémisphère Sud de la planète, est ainsi un gigantesque ouragan que les astronomes observaient déjà il y a trois cents ans. La Terre tiendrait facilement dedans.

... Les quatre planètes géantes ont chacune leur personnalité.

Saturne est connue pour ses anneaux. Elle a 36 satellites.

SATURNE, CELLE QUI FLOTTERAIT SUR L'EAU

Saturne (36 satellites) rivalise en majesté avec Jupiter, à laquelle elle ressemble d'ailleurs beaucoup, même si elle est un peu plus petite. Comme Jupiter, elle chauffe de l'intérieur et son atmosphère est agitée : en 1990, une gigantesque tempête a dévasté son équateur !

L'atmosphère de Saturne contient plus d'hydrogène que celle de Jupiter. Or l'hydrogène est un élément très léger (le plus léger existant, même). Du coup, Saturne est moins dense que l'eau : s'il existait un océan d'eau assez vaste pour l'accueillir, elle flotterait dessus.

URANUS, LA PLANÈTE COUCHÉE

Uranus (21 satellites) ne révèle pas grand-chose à ses observateurs ! Elle ne chauffe pas de l'intérieur ; son atmosphère est moins épaisse que celle des autres géantes, et plutôt calme. Si les astronomes ne s'expliquent pas vraiment cette particularité, ils ne comprennent pas non plus un autre mystère : pourquoi la planète est pratiquement couchée sur sa trajectoire. En tournant sur elle-même et autour du Soleil, la Terre, par exemple, ressemble à une toupie, avec juste un petit air penché. Uranus, elle, semble plutôt rouler à la manière d'une boule : elle a carrément basculé et son axe est presque dans le plan de sa trajectoire.

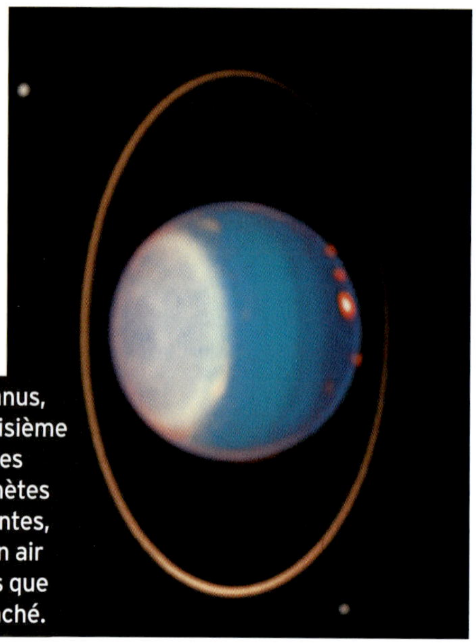

Uranus, la troisième des planètes géantes, a un air plus que penché.

Les rayures de Jupiter sont des nuages.

JUPITER, LA GÉANTE À RAYURES

Jupiter, la plus grosse planète du système solaire, domine toutes les autres par sa présence imposante. Elle règne sur une cour de 30 satellites. Cette géante parmi les géantes n'a pas fini de se refroidir depuis sa naissance. Résultat : elle chauffe de l'intérieur ; c'est pour cette raison qu'elle a une atmosphère très agitée. Mais Jupiter pivote aussi sur elle-même à une vitesse folle (elle fait un tour en 10 heures). Ce mouvement très rapide entraîne ses nuages et les étire en longues bandes parallèles à son équateur. Voilà pourquoi elle a l'allure d'une planète rayée.

La grande tache sombre de Neptune.

NEPTUNE, L'AUTRE PLANÈTE BLEUE

Neptune (8 satellites) ressemble beaucoup à Uranus par sa taille, mais, tout comme Jupiter et Saturne, elle chauffe de l'intérieur et son atmosphère est agitée de vents violents. Pendant un temps, un immense ouragan, connu sous le nom de grande tache sombre, est apparu dans son atmosphère.

Mais la tache a aujourd'hui disparu : l'ouragan s'est apaisé… Quant à sa belle couleur bleue (assez semblable à celle d'Uranus), Neptune ne la doit pas à l'eau, comme la Terre, mais à un gaz : le méthane.

Science ou fiction ?

URANUS ET NEPTUNE ÉTAIENT CONNUES DANS L'ANTIQUITÉ.

NON. Pendant très longtemps, Saturne fut considérée comme la dernière planète du système solaire ! Uranus n'a été découverte qu'en 1781, et Neptune en 1846.

AU CLAIR DE LA LUNE

La Lune, notre satellite, nous escorte depuis bien longtemps. Mais ce n'est que depuis les missions Apollo qu'on la connaît vraiment.

Les mers de la Lune forment des taches sombres.

DES "MERS" SANS EAU

Quand la Lune est pleine, une chose saute tout de suite aux yeux : les grandes taches sombres visibles à sa surface. Les premiers observateurs les ont appelées des "mers". Mais les mers de la Lune ne contiennent pas d'eau.

Ce sont d'immenses plaines que la lave, jaillie des profondeurs lunaires, a remplies il y a 3 milliards d'années. Comparées aux mers, les autres régions de la Lune paraissent plus claires. Ces "continents" sont hérissés de chaînes de montagnes et criblés de cratères d'impact (ils en ont beaucoup plus que les mers, ce qui veut dire qu'ils sont plus vieux).

Ci-dessus : Lever de terre vu de la Lune.

À droite : Le sol lunaire, couvert de poussière et criblé de cratères.

En chiffres

La Lune a un diamètre de **3 476 KM** (c'est quatre fois moins que la Terre). Comme les planètes rocheuses, elle possède une croûte, un manteau et, peut-être, un noyau de fer.

GLACE OU PAS GLACE ?

Existe-t-il de la glace sur la Lune, bien cachée au fond de certains cratères qui ne voient jamais le Soleil ?

Mystère, mystère. Annoncée en 1996, la nouvelle a été confirmée en 1998 par la sonde Lunar Prospector.

Oui, mais pour en avoir le cœur tout à fait net, les scientifiques avaient décidé d'envoyer la sonde s'écraser sur la Lune, et elle n'a rien détecté de plus.

DES PAS DANS LA POUSSIÈRE

Le premier homme à poser le pied sur la Lune fut Neil Armstrong, le 21 juillet 1969, lors de la mission Apollo 11.

De 1969 à 1972, douze astronautes américains ont marché sur notre satellite. Ils en ont rapporté 385 kilos de roches (leur analyse a permis par exemple de savoir que, plus un terrain est couvert de cratères, plus il est vieux). Depuis, personne n'est retourné sur la Lune. Les empreintes de pas des astronautes y sont toujours, car il n'y a pas de vent pour les effacer.

La Lune n'a pas d'atmosphère : les astronautes doivent porter un équipement spécial.

UN MONDE SANS DÉFENSES

La Lune n'a pas d'atmosphère pour la protéger des attaques des cailloux cosmiques. Résultat : elle s'est fait bombarder tout au long de son histoire. Les impacts ont même pulvérisé les roches de sa surface : elle est recouverte d'une couche de poussière, faite de tout petits débris. Exposé sans protection aux rayons du Soleil, son sol "grille et gèle" sans interruption. La température varie entre 110 °C le jour et – 170 °C la nuit.

Science ou fiction ?

LA LUNE POSSÈDE UNE FACE CACHÉE.

OUI. Comme la Lune met exactement le même temps à tourner sur elle-même qu'autour de la Terre, elle nous montre toujours la même face. L'autre s'appelle la face cachée. Des photographies prises par des sondes spatiales montrent qu'elle est grêlée de cratères et présente peu de mers.

LA GRANDE FOIRE AUX SATELLITES

Petits ou gros, rocheux ou glacés, des satellites tournent autour de presque toutes les planètes du système solaire.

Ganymède, vu de près par la sonde Galileo.

Les quatre satellites découverts par Galilée.

TOUT COMMENÇA AVEC GALILÉE

À part la Lune évidemment, les satellites des planètes sont trop petits ou trop lointains, ou les deux, pour être vus à l'œil nu. C'est l'astronome italien Galilée qui découvrit les tout premiers, en 1610, quand il observa Jupiter à la lunette et remarqua que quatre gros satellites lui tournaient autour. Un peu plus tard, on baptisa ces lunes Io, Europe, Ganymède et Callisto, mais on les appelle aussi les "satellites galiléens", en l'honneur de leur découvreur.

Plus près de nous dans le temps, de nombreux petits satellites des quatre planètes géantes ont été repérés par les sondes américaines Voyager 1 et Voyager 2 qui, dans les années 1980, ont survolé ces mondes lointains. Et ce n'est pas fini ! La preuve : au début de l'année 1997, Saturne avait 18 satellites, Uranus 17, et Jupiter 16. Mais, depuis, les astronomes en ont découvert d'autres (certains d'entre eux sur une vieille photo prise en 1986 par la sonde Voyager 2 !) : 4 de plus pour Uranus, 14 pour Jupiter et 18 pour Saturne.

De quoi sont faits tous ces satellites ? De roches, de roches couvertes de glace, ou même de roches et de glace mêlées : tout dépend s'ils sont proches ou éloignés du Soleil. Beaucoup portent les cicatrices de leurs rencontres avec des météorites : ils sont criblés de cratères.

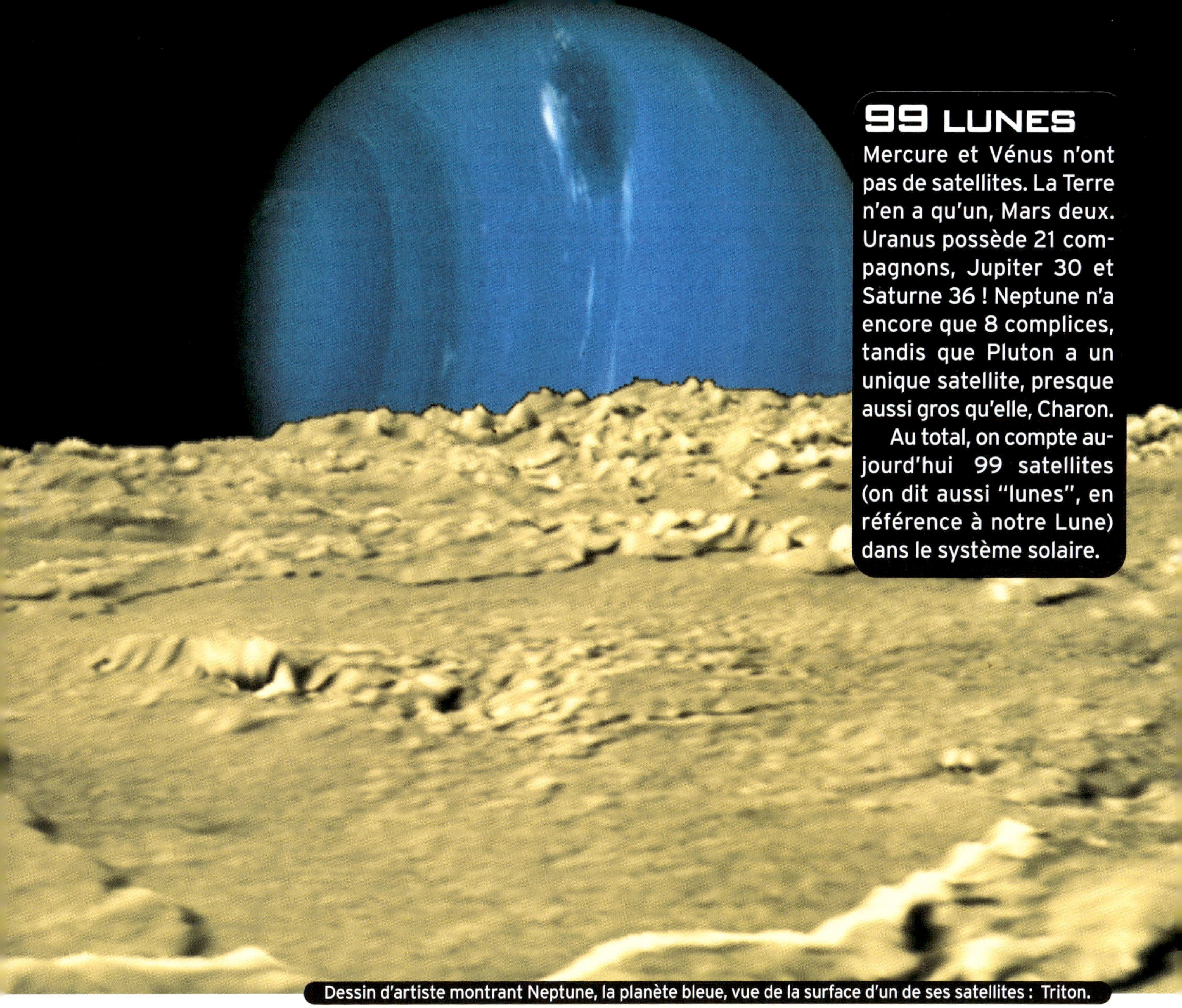

99 LUNES

Mercure et Vénus n'ont pas de satellites. La Terre n'en a qu'un, Mars deux. Uranus possède 21 compagnons, Jupiter 30 et Saturne 36 ! Neptune n'a encore que 8 complices, tandis que Pluton a un unique satellite, presque aussi gros qu'elle, Charon.

Au total, on compte aujourd'hui 99 satellites (on dit aussi "lunes", en référence à notre Lune) dans le système solaire.

Dessin d'artiste montrant Neptune, la planète bleue, vue de la surface d'un de ses satellites : Triton.

Quelques records…

Le plus gros : Ganymède, satellite de Jupiter, mesure 5 276 kilomètres de diamètre. Il bat Titan, satellite de Saturne, de 126 kilomètres. Tous les deux sont plus gros que la planète Mercure.

Les plus petits : plusieurs satellites de Jupiter, de Saturne ou d'Uranus mesurent moins de 10 kilomètres de diamètre. Mais il en existe peut-être des plus petits qu'on n'a pas encore découverts !

Phobos

Le plus proche de sa planète : Phobos ne gravite qu'à 9 000 kilomètres de sa planète, Mars. Mais il s'en rapproche assez dangereusement et va sans doute s'écraser sur elle d'ici à 30 millions d'années.

Les plus mystérieux : Europe et Ganymède, satellites de Jupiter, cacheraient sous leur croûte de glace un gigantesque océan.

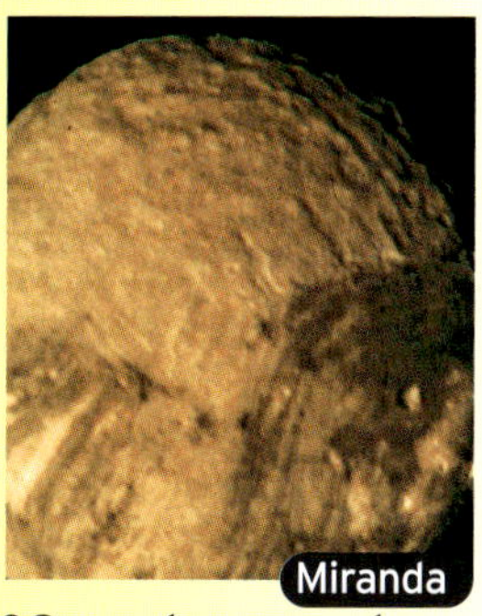

Miranda

Le plus cassé : Miranda, un satellite d'Uranus, semble être fait de "morceaux recollés". On pense qu'il a été fracassé plusieurs fois à la suite de collisions avec d'autres corps.

Le plus froid : sur Triton, la plus grosse lune de Neptune, on bat des records de froid. Il y fait 235 °C au-dessous de zéro ! Charon, le compagnon de Pluton, est peut-être plus froid encore, mais aucune sonde n'est allée jusqu'à ce satellite pour le confirmer.

DANS LE SECRET DES ANNEAUX

Les beaux anneaux de Saturne éclipsent les autres par leur majesté. Mais en réalité, les quatre planètes géantes possèdent chacune des anneaux.

Anneaux de Saturne.

UN DISQUE DE 300 000 KM !

Même les magnifiques anneaux de Saturne sont invisibles à l'œil nu. En 1610, Galilée faillit les découvrir à la lunette : il trouva que Saturne avait une forme bizarre mais il ne s'expliqua pas très bien ce qu'il voyait. En 1655, le savant hollandais Christiaan Huygens comprit que c'était une sorte de disque qui encerclait la planète. Aujourd'hui, on sait que ces anneaux ont une largeur de 300 000 kilomètres, mais une épaisseur de 1 kilomètre tout au plus.

Anneaux de Jupiter.

Jupiter : les plus discrets

Découverts en 1979 par les sondes Voyager, les trois anneaux de Jupiter sont les plus discrets de tous. Les particules qui les composent sont plus petites que des têtes d'épingle !

Uranus et l'étoile lointaine

En 1977, des astronomes observaient un événement rare : le passage d'Uranus devant une étoile lointaine. Or, avant de disparaître derrière la planète, l'étoile sembla "clignoter".

Plus bizarre encore, la même chose se reproduisit quand l'étoile réapparut de l'autre côté. On comprit qu'elle était passée derrière quelque chose d'invisible qui entourait la planète : les anneaux d'Uranus venaient ainsi d'être découverts.

L'anneau brisé de Neptune

Les anneaux de Neptune ont été découverts en 1984 depuis la Terre, puis survolés par la sonde Voyager 2 en 1989. L'un d'eux semble brisé en trois morceaux très brillants (où les particules doivent se rassembler plus qu'ailleurs).

Saturne : les plus éblouissants

Saturne possède sept anneaux principaux, qui sont en fait composés de toute une foule d'anneaux très fins et très brillants. Ils sont entrecoupés de zones sombres, plus ou moins vides de particules.

Quand les anneaux disparaissent

Tous les quinze ans, vue de la Terre, Saturne perd ses plus beaux atours. Mais, ce n'est qu'une illusion d'optique.
À cause de l'orientation de Saturne et de celle de la Terre, on voit ses anneaux par la tranche. Ils sont si minces qu'ils semblent alors disparaître (comme ci-dessus).

DES ANNEAUX DE GLACE ET DE ROCHES

Les anneaux de Saturne et des autres géantes ne sont pas solides : un astronaute ne pourrait pas marcher dessus !

Ils se composent de blocs de glace et de roches mêlées, qui peuvent avoir la taille d'un grain de poussière ou celle d'un petit rocher (quelques mètres). Tout ce beau monde tourne autour de sa planète, en suivant chacun son chemin. Les collisions ne sont pas rares !

SATELLITES BERGERS

À tourner et à se cogner ainsi, pourquoi les particules des anneaux ne s'éparpillent-elles pas ? Les astronomes ont découvert qu'elles étaient en quelque sorte "gardées" par de petits satellites.

Un peu comme un chien de berger rassemble le troupeau, la présence de ces satellites empêche les anneaux de se disperser.

DE L'AIR, DE L'AIR

Une atmosphère, c'est vraiment très important, car cela tient au chaud une planète.

Les nuages retiennent la chaleur de la surface de la Terre.

UN BON BOL D'AIR !

L'atmosphère des planètes rocheuses date de peu de temps après leur naissance, quand elles étaient encore chaudes et couvertes de volcans. Ceux-ci crachaient en grande quantité des gaz comme de la vapeur d'eau et du gaz carbonique. Au départ, les compositions des atmosphères des planètes de roche étaient donc les mêmes, mais elles ont évolué de façon différente.

Pourquoi ? Raison numéro un, la présence de vie (de plantes, d'animaux) sur terre a complètement modifié son atmosphère (les plantes consomment du gaz carbonique et produisent de l'oxygène). Raison numéro deux, un phénomène qu'on appelle l'effet de serre.

EFFET DE SERRE

Les serres dans lesquelles on fait pousser des plantes qui aiment la chaleur fonctionnent toutes de la même façon. Elles sont couvertes de verre ou de plastique qui laissent passer la lumière du Soleil mais gardent la chaleur.

Une atmosphère, dans certaines conditions, fonctionne de la même manière : elle garde la planète bien au chaud ! C'est le cas de la Terre.

MARS ET VÉNUS

Pour Vénus, la serre est trop chaude. Si la Terre était aussi proche du Soleil que Vénus, les océans se mettraient à bouillir, l'air se chargerait de vapeur d'eau ; les nuages empêcheraient la chaleur du sol de s'évacuer, et il ferait de plus en plus chaud... jusqu'à des températures de plusieurs centaines de degrés.

Mars, c'est le contraire ; avec sa mince atmosphère, la serre est trop froide.

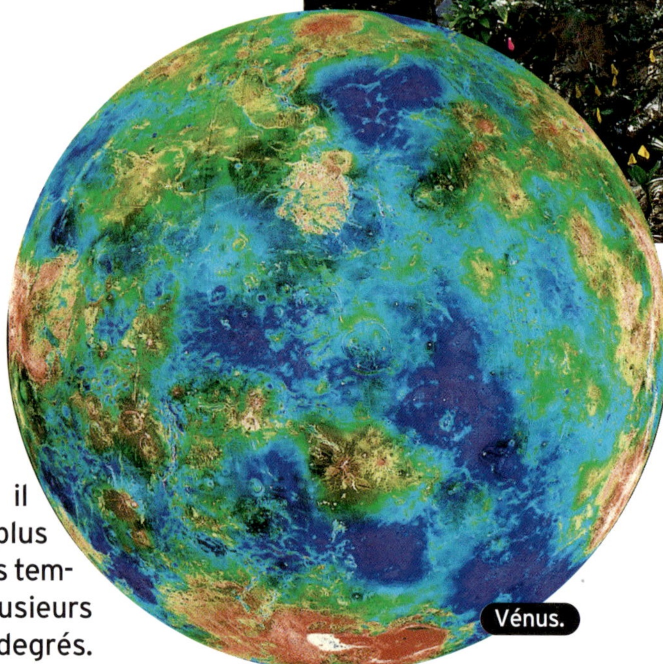
Vénus.

Une serre laisse passer la lumière et garde la chaleur.

ET AUTOUR DES LUNES ?

Deux satellites de planètes géantes ont une atmosphère : une lune de Neptune, nommée Triton, et Titan, un satellite de Saturne. Titan est plus gros que la Lune et que Mercure.

Mais ce qui le rend vraiment intéressant, c'est que son atmosphère est composée d'azote, comme celle de la Terre, et que la pression atmosphérique y est aussi tout à fait comparable à celle de la Terre !

Alors, une sœur jumelle de la Terre ? Pas vraiment, ou alors une Terre qu'on aurait mise au congélateur car la température moyenne y est de –178 °C... Titan est encore mystérieux (car sa fameuse atmosphère est pleine de nuages), mais on en saura bientôt plus, grâce à la sonde spatiale Cassini-Huygens qui atteindra le système de Saturne en 2004.

Titan

EST-CE QUE LA TERRE CHAUFFE TROP ?

Pour la Terre, tout allait bien, la serre fonctionnait parfaitement, mais aujourd'hui les scientifiques sont inquiets parce que l'activité humaine (voitures, industries...) augmente les quantités de gaz carbonique dans l'air. Or ce gaz aggrave le fameux effet de serre, et on craint que la température sur terre n'augmente de plusieurs degrés d'ici à quelques dizaines d'années. Les pays du monde essaient donc, non sans mal, de se mettre d'accord pour réduire les émissions de gaz carbonique.

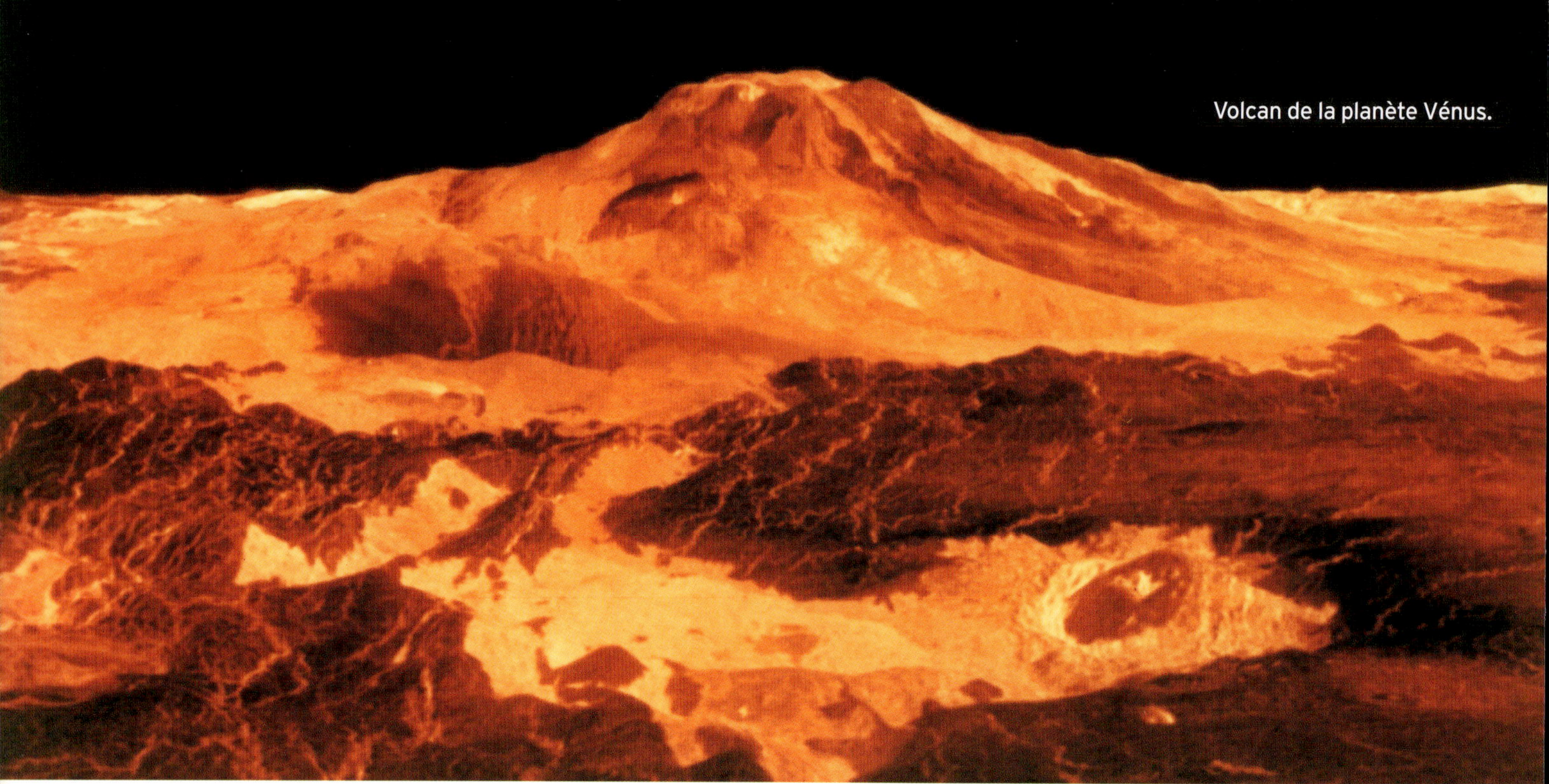

Volcan de la planète Vénus.

LES VOLCANS DU SYSTÈME SOLAIRE

Il y a des volcans partout sur les planètes rocheuses, et même sur certains satellites. La plupart sont éteints, mais on a assisté à des éruptions sur Io, un des satellites de Jupiter.

SUR LA TERRE

Il existe plus de 1 000 cratères de volcans sur les cinq continents. Et ce n'est rien à côté de ce qui se passe au fond des océans, où il y aurait des dizaines de milliers de volcans !

Coulée de lave à Pahoehoe (Hawaii).

VOLCANS GÉANTS

Sur Vénus et Mars, toutes les grandes montagnes sont des volcans. Sur Mars ils peuvent être géants : Olympus Mons mesure 25 kilomètres de haut ! Mais ces volcans de Mars sont sans doute éteints depuis un bon milliard d'années. On ne pense pas que les volcans de Vénus soient actifs mais, il est difficile d'en être sûr.

Le volcan Olympus Mons sur Mars.

On ne peut pas voir la surface de cette planète couverte d'épais nuages, et les observations par radar ne peuvent pas montrer une éruption volcanique.

FEUX ET GLACES

Les volcans les plus bizarres du système solaire se trouvent sur certains satellites. Io, une des lunes de Jupiter, a été observé par les sondes Voyager puis Galileo.

Il est criblé de centaines de magnifiques volcans aux couleurs blanc jaune, dont beaucoup sont en activité.

Autre bizarrerie : Triton, un satellite de Neptune, a la surface totalement glacée. Pourtant, sur les images prises par Voyager 2, on a découvert des sortes de geysers de glace, trahis par des traînées noires.

La glace et le feu se disputent donc ce monde lointain...

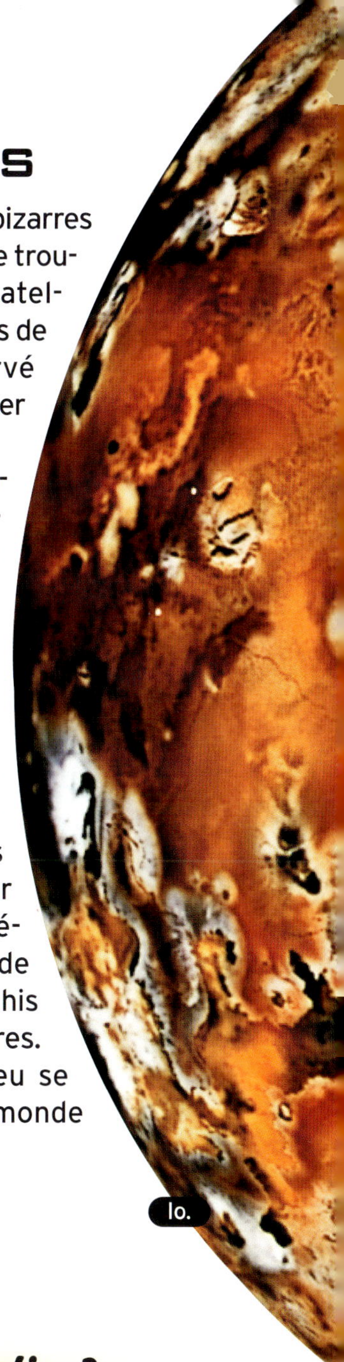
Io.

Cratère sur la Lune.

Science ou fiction ?

LES "CRATÈRES" LUNAIRES SONT DES CRATÈRES DE VOLCANS.

➡ ***NON.*** Ce sont tous des traces d'impacts de météorites.

LES FEUX ÉTEINTS DE LA LUNE

La Lune n'a pas connu d'éruptions depuis 3 milliards d'années. Le volcanisme lunaire était bien différent de celui de la Terre : pas de cônes volcaniques, mais d'immenses coulées de lave qui sortaient des fissures du sol.

Elles ont formé les grandes mers lunaires, ces régions sombres à la surface de notre satellite.

Comment se refroidir ?

Toutes les planètes rocheuses ont connu un épisode volcanique quand leur cœur était encore très chaud, juste après leur formation.

L'intérieur de la planète était alors beaucoup plus chaud que sa surface. Les éruptions volcaniques sont un moyen d'évacuer toute cette chaleur : quand le magma brûlant arrive à la surface, il se solidifie. La planète se refroidit ainsi peu à peu.

Plus de 4 milliards d'années après sa formation, l'intérieur de la Terre est encore très chaud car c'est la plus grosse des planètes rocheuses ; elle est donc encore très volcanique.

Par contre, Mercure, ou même la Lune, plus petites, ont un cœur froid et solidifié.

L'EAU

Un extraterrestre assoiffé et un peu pressé aurait du mal à trouver de l'eau dans le système solaire ailleurs que sur la Terre. Mais, s'il cherche bien, il en trouvera un peu partout. Pour l'aider, soufflons-lui un indice : l'eau n'est pas forcément liquide. Elle est souvent sous forme de glace.

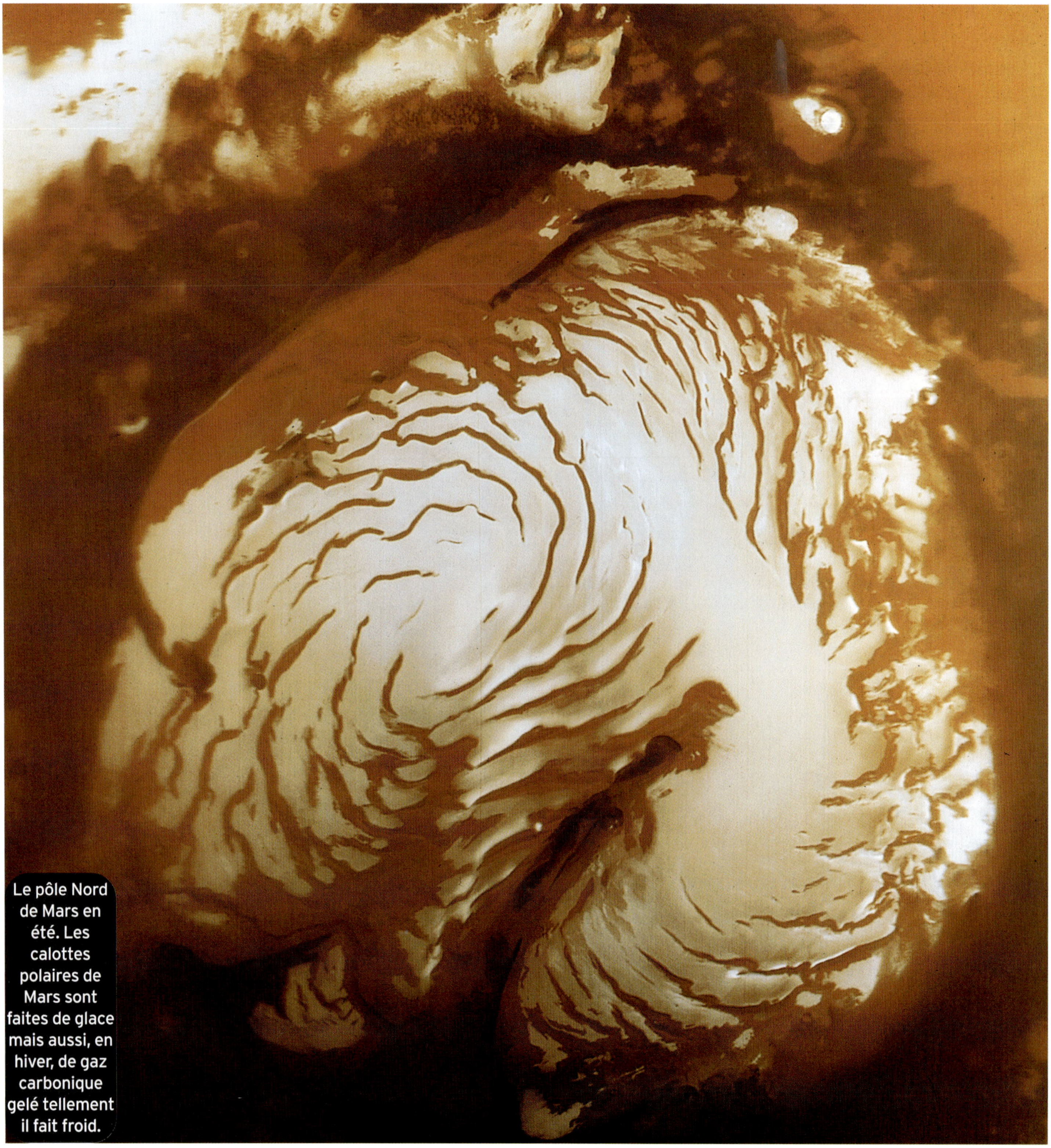

Le pôle Nord de Mars en été. Les calottes polaires de Mars sont faites de glace mais aussi, en hiver, de gaz carbonique gelé tellement il fait froid.

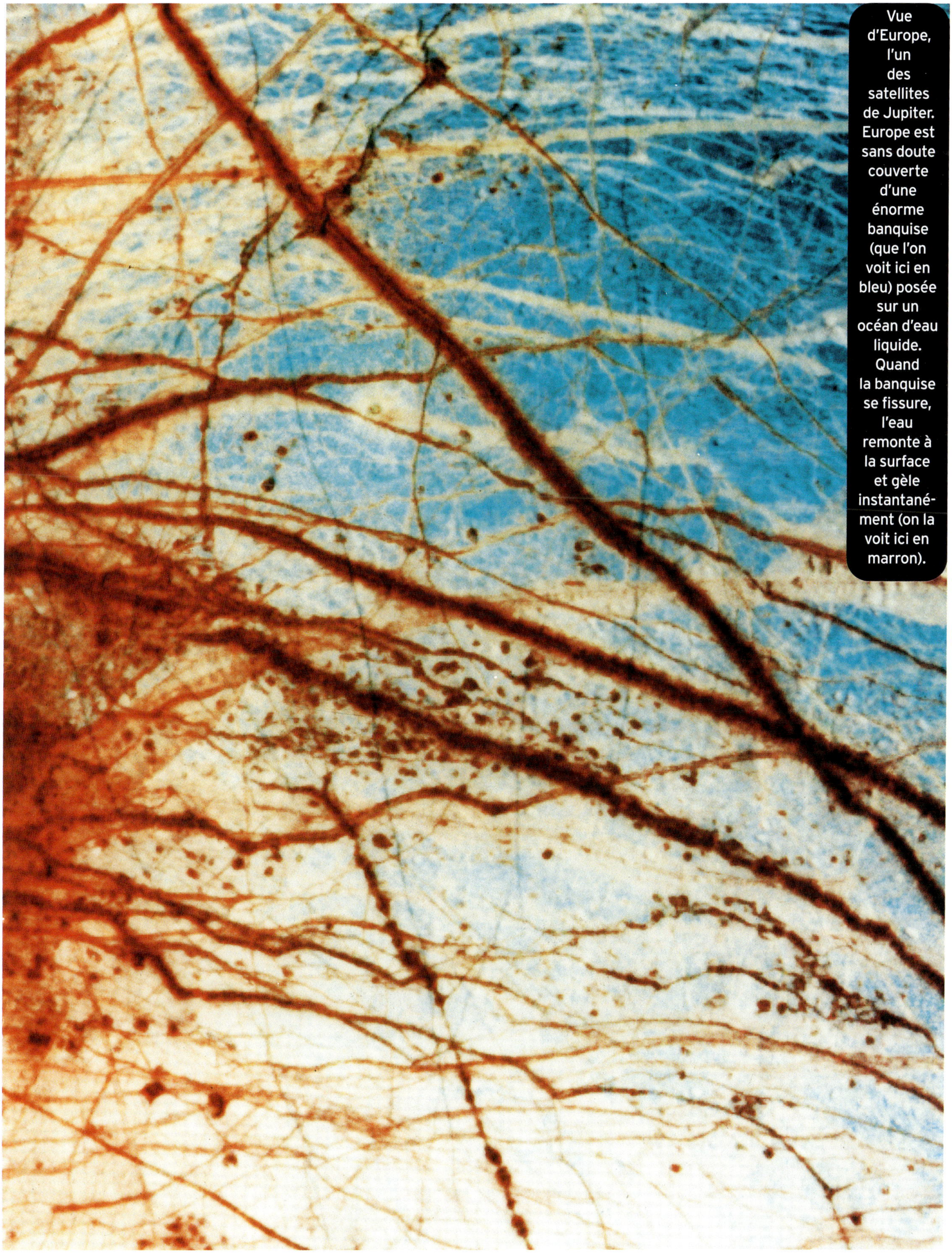

Vue d'Europe, l'un des satellites de Jupiter. Europe est sans doute couverte d'une énorme banquise (que l'on voit ici en bleu) posée sur un océan d'eau liquide. Quand la banquise se fissure, l'eau remonte à la surface et gèle instantanément (on la voit ici en marron).

ASTÉROÏDES, LA COMPAGNIE DES DÉBRIS

Entre Mars et Jupiter s'étend un grand espace vide et… encombré de débris. Ce sont les astéroïdes, des petits corps qui gardent un lourd secret : celui de la naissance des planètes.

En chiffres

Le premier jour du XIXe siècle, le 1er janvier 1801, l'astronome italien Piazzi découvrit le premier astéroïde et lui donna le nom de la déesse romaine des Moissons, Cérès. Cérès est le plus gros astéroïde connu, avec environ 1 000 km de diamètre.

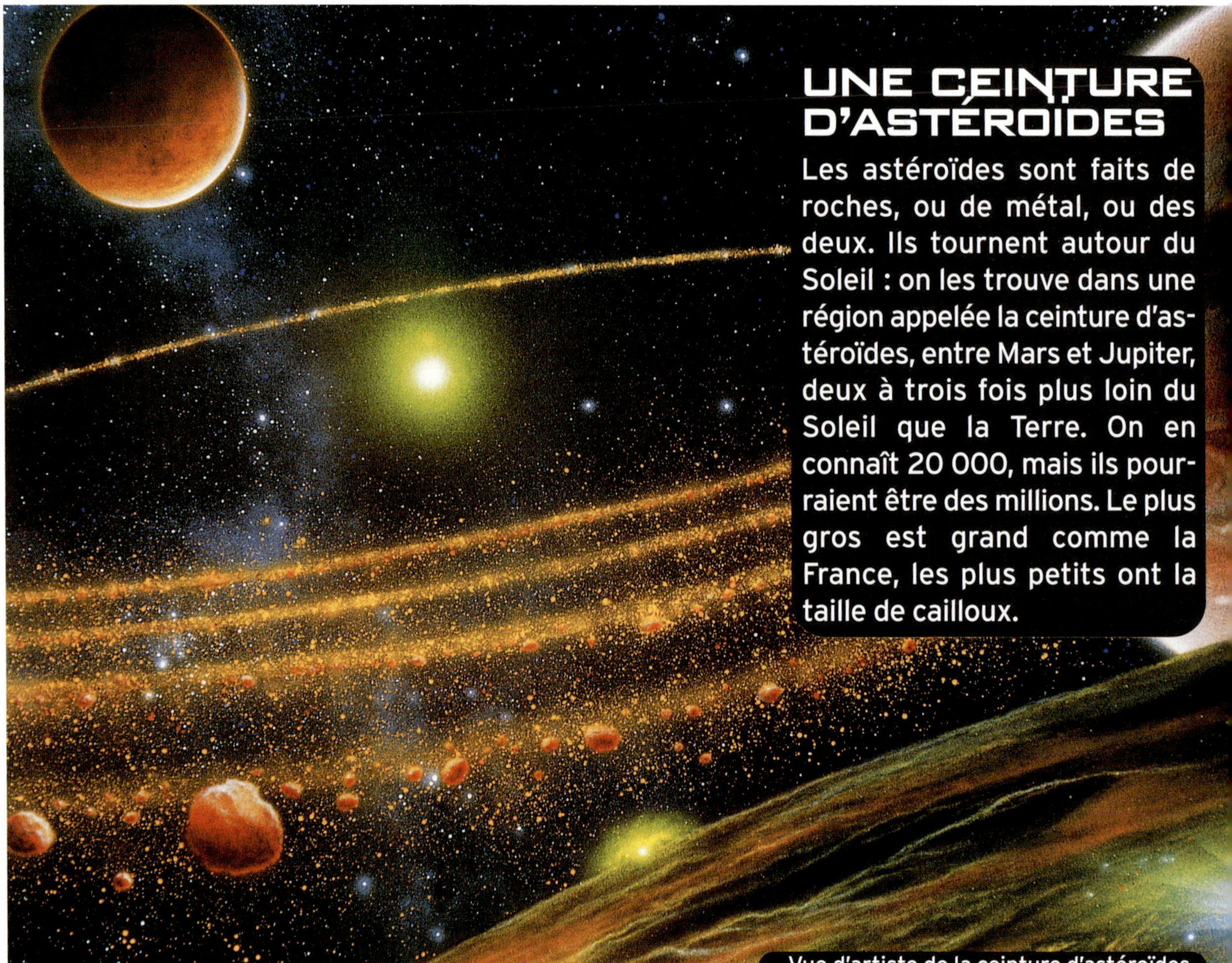

UNE CEINTURE D'ASTÉROÏDES

Les astéroïdes sont faits de roches, ou de métal, ou des deux. Ils tournent autour du Soleil : on les trouve dans une région appelée la ceinture d'astéroïdes, entre Mars et Jupiter, deux à trois fois plus loin du Soleil que la Terre. On en connaît 20 000, mais ils pourraient être des millions. Le plus gros est grand comme la France, les plus petits ont la taille de cailloux.

Vue d'artiste de la ceinture d'astéroïdes.

UN PEU D'ARCHÉOLOGIE

Les astéroïdes ne sont pas très loin de la grosse Jupiter, qui est un peu l'élément perturbateur de la classe : par sa masse imposante, elle attire, déforme, tiraille ou dévie les corps qui sont à sa portée. À l'époque où est né le système solaire, Jupiter a empêché les astéroïdes de se rassembler pour former un corps plus gros, une vraie planète. Du coup, les astéroïdes sont en quelque sorte les vestiges, assez bien conservés, de cette époque lointaine. S'ils pouvaient parler, ils nous raconteraient une histoire oubliée. Les astronomes rêveraient de se transformer en archéologues, et d'aller fouiller sur place ces ruines de notre lointain passé.

PORTRAIT DE FAMILLE

Les astéroïdes ne sont pas faciles à étudier. Beaucoup plus petits que les planètes, ils apparaissent comme de minuscules points dans un télescope. Quatre seulement ont été survolés de près par des sondes spatiales : Gaspra, Ida, Mathilde et Éros.
Ils ont des formes bizarres, et sont couverts de cratères dus à des collisions avec d'autres astéroïdes.
Ida possède même une minuscule lune.
Quant à Cléopâtre, il a fallu des observations radar et des heures de traitement informatique pour voir à quoi il ressemble : à un os.

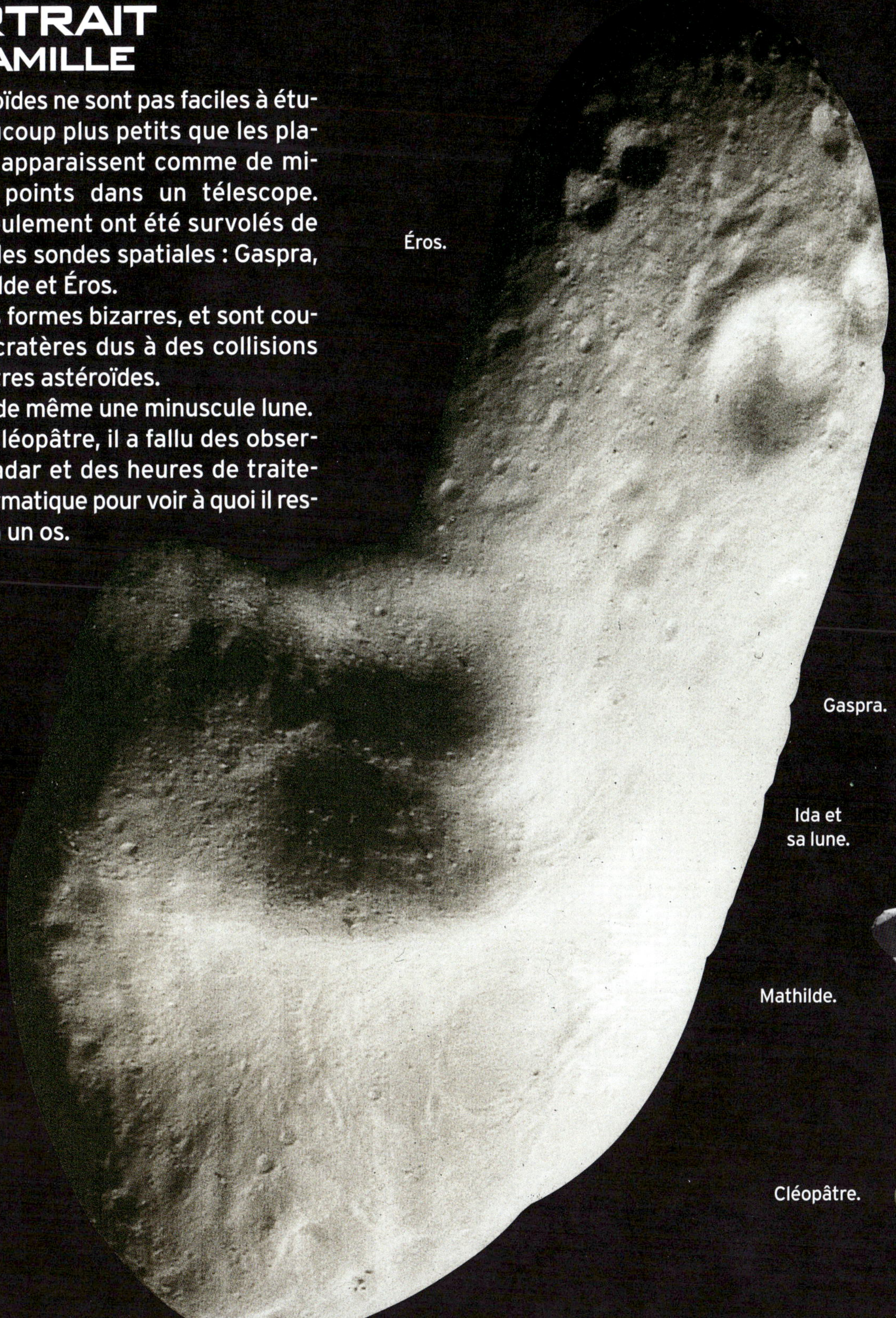

Éros.

Gaspra.

Ida et sa lune.

Mathilde.

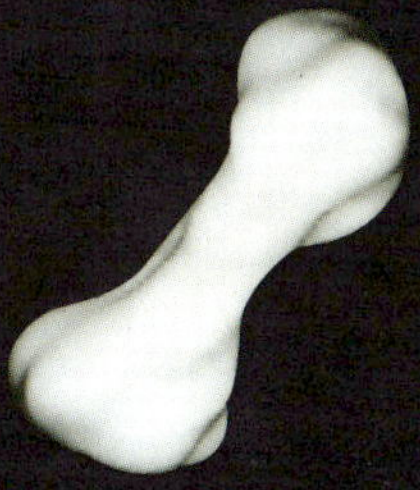

Cléopâtre.

ATTENTION, GÉOCROISEURS

Tous les astéroïdes ne tournent pas sagement dans la ceinture. Certains, carrément piégés par Jupiter, sont condamnés à suivre la même orbite qu'elle. D'autres, perturbés là encore par Jupiter, s'échappent de la ceinture et peuvent venir menacer la Terre. On les appelle les géocroiseurs. Plusieurs télescopes à travers le monde sont chargés de les surveiller.

COMÈTES, LES BELLES VISITEUSES

Quel spectacle ! Parées de leur queue lumineuse, les comètes sont impressionnantes. Pourtant, à l'origine du feu d'artifice, il n'y aurait qu'une boule de neige sale...

La comète Hyakutake.

D'ÉNORMES BOULES DE NEIGE ET DE CAILLOUX

Longtemps, les apparitions imprévues et impressionnantes des comètes ont été interprétées comme de mauvais présages. Aujourd'hui, nous connaissons leur véritable nature et nous savons prédire leur retour.

Une comète n'est qu'une énorme (quelques kilomètres) boule de neige, de cailloux et de poussières mêlés, qui passe son temps dans le froid glacial de la banlieue du système solaire, au-delà des planètes géantes. Quand une comète se rapproche du Soleil, la boule de neige surchauffée se met à cracher des bouffées de gaz et de poussières. Ces jets illuminés par le Soleil forment sa "chevelure", et les vapeurs, emportées par sa course autour du Soleil, forment sa queue, un peu comme la flamme d'une allumette qu'on déplace. Puis la comète s'éloigne du Soleil, les jets de vapeur se calment, queue et chevelure disparaissent progressivement.

La comète de Halley.

La comète de Halley sur le fond de la Voie lactée.

Plongeons vers le Soleil

Les comètes périodiques se rapprochent du Soleil à intervalles réguliers, parce que leur orbite autour du Soleil a une forme d'ellipse (un ovale assez allongé). La plus célèbre, la comète de Halley, revient ainsi tous les 76 ans. Rendez-vous en 2062 !

Les comètes nouvelles sont au départ fort loin du Soleil, mais en orbite autour de lui. Une petite perturbation peut leur donner une pichenette qui les fait changer d'orbite et foncer vers le Soleil. Certaines passent très près et brillent alors de tous leurs feux, comme les comètes Hyakutake et Hale-Bopp en 1997.

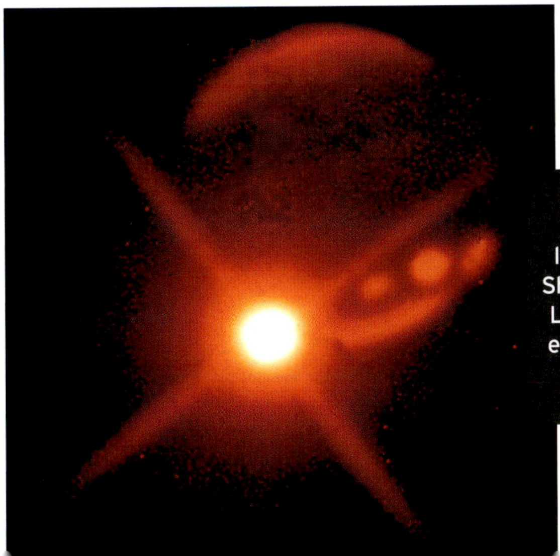
En juillet 1994, la comète Shoemaker-Levy entra en collision avec Jupiter.

COLLISION AVEC JUPITER

Une comète s'est "crashée" en 1994 sur la planète Jupiter. Écrasée par la force de gravité de la planète géante, elle était déjà en une vingtaine de morceaux, qui sont tombés l'un après l'autre dans l'épaisse atmosphère de Jupiter entre le 16 et le 23 juillet 1994. Le spectacle fut très impressionnant : en s'abîmant dans l'atmosphère gazeuse de Jupiter, chaque morceau de comète a déclenché une immense boule de feu. Les cicatrices de certaines explosions sont restés visibles plusieurs mois...

AUX CONFINS DU SYSTÈME SOLAIRE

Dans l'immensité glaciale des confins du système solaire, des milliards de comètes se déplacent en silence. Là-bas, le Soleil n'est plus qu'un faible point lumineux.

Pluton et Charon.

LE CAS PLUTON

Est-ce bien une planète, cette Pluton qu'on n'a réussi à classer ni dans les planètes rocheuses, ni dans les planètes gazeuses ? Elle est quand même cinq fois plus petite que la Terre... Et puis, elle est si proche de son gros satellite, Charon, que c'est presque une planète double.

Avec son atmosphère d'azote et sa trajectoire très allongée autour du Soleil, Pluton ressemble plutôt à un satellite de planète géante. Pluton est peut-être un satellite parti en vadrouille, mais on ne pourra pas le vérifier avant longtemps, car il est si loin qu'une sonde spatiale partie de la Terre mettrait près de 10 ans pour l'atteindre.

Y A-T-IL UNE PLANÈTE X ?

Y a-t-il des planètes au-delà de Pluton ? Les astronomes se sont posé cette question dès la découverte de Pluton, la neuvième planète du système solaire.

Car Pluton n'a pas été découverte par hasard : on pensait que le mouvement de Neptune devait être perturbé par une planète, et on l'a longtemps cherchée. En 1930, enfin, l'astronome américain Clyde Tombaugh l'a trouvée. Alors, pourquoi pas une dixième planète ?

Mais, malgré les recherches, la planète X (X comme mystère, mais aussi comme 10 en chiffres romains) reste invisible.

La comète Hale-Bopp.

TROP PETITS POUR ÊTRE DES PLANÈTES !

N'y a-t-il vraiment rien dans les immenses espaces qui s'étendent entre Pluton et la plus proche étoile ? À 300 000 kilomètres par seconde, la lumière du Soleil ne met que cinq heures à atteindre Pluton, mais il lui faut plus de quatre ans pour voyager jusqu'à Alpha du Centaure, l'étoile la plus proche de la nôtre.

Pourtant, on a découvert dans ces solitudes glacées des astres très similaires à Pluton. On en a trouvé des dizaines (c'est difficile, car le Soleil ne les éclaire que très faiblement : ils sont si loin !) et les astronomes ignorent combien il y en a : des millions, des milliards peut-être ?

Ils mériteraient peut-être le nom de planète car ils tournent autour du Soleil. Mais, comme les astéroïdes, on a considéré qu'ils étaient trop petits pour cela.

Science ou fiction ?

PLUTON EST LA PLANÈTE LA PLUS ÉLOIGNÉE DU SOLEIL.

➡ ***PAS TOUJOURS.*** Pluton a une orbite très aplatie et très inclinée, si bien qu'elle est parfois plus près du Soleil que Neptune.

DES COMÈTES PAR MILLIARDS

Encore un petit coup d'accélérateur : nous sommes maintenant à des semaines-lumière du Soleil, plusieurs dizaines de milliers de fois plus loin que la Terre. Voici le réservoir des comètes, un nuage immense qui ceinture le Soleil et ses planètes. Des centaines de milliards de boules de neige sale sont stockées là.

Tant qu'elles resteront cachées dans ces régions reculées, nous ne pourrons pas les voir. Mais la moindre perturbation peut leur faire quitter leur orbite et foncer vers le Soleil.

QUAND LE CIEL NOUS BOMBARDE

Des cailloux qui arrivent du ciel ? Ridicule, disait-on il y a deux cents ans encore. Et pourtant, les météorites ne sont pas une légende. Il en tombe même très souvent !

Le Meteor Crater, en Arizona (États-Unis), est le plus gros impact de météorite retrouvé sur la Terre.

FONCEZ, FONCEZ, PETITS BOLIDES

Une foule de débris d'astéroïdes ou de comètes circulent entre les planètes. De temps en temps, un de ces cailloux croise le chemin de la Terre. Voilà cette météorite qui fonce vers nous à des milliers de kilomètres par heure.

Heureusement, l'atmosphère terrestre est là. Elle arrête les petites météorites, qui s'y brûlent et partent en fumée, en laissant de belles traînées brillantes dans le ciel : des étoiles filantes. Mais les grosses météorites, elles, réussiront à toucher terre et à y creuser un gros trou, un cratère.

En chiffres

Chaque année, la Terre reçoit **10 000** tonnes de météorites, de quoi remplir le paquebot *Titanic*. La plus grosse météorite connue est tombée à Hoba, en Namibie, dans le sud de l'Afrique. Elle pesait 60 tonnes.

PIERRES DE MARS OU D'AILLEURS

Sur Terre, on ne connaît que 130 cratères creusés par des météorites. Les autres ont été effacés par les eaux et les vents. Mais la Lune, elle, porte toutes les marques d'un grand mitraillage : elle est couverte de cratères. Mars, avec sa mince atmosphère, n'est pas non plus à l'abri. Il est même arrivé que des météorite percutent Mars, en arrachent un morceau et que ce morceau, des millions d'années plus tard, retombe sur la Terre. Et voilà comment des météorites venues de Mars peuvent arriver directement chez nous !

Deux cratères sur la Lune.

QUI A TUÉ LES DINOSAURES ?

Le coupable est sans doute une énorme météorite de la taille d'une grande ville, qui est tombée dans l'océan, tout près du Mexique, il y a 65 millions d'années. Le choc fut si violent qu'il creusa un cratère de 200 km, déclencha des raz de marée géants et envoya des tonnes de poussières dans l'atmosphère. Les rayons du Soleil ne passaient plus à travers ce brouillard, et le froid a recouvert notre planète. Quelques animaux et plantes ont survécu, mais les dinosaures, qui régnaient en maîtres sur la Terre, n'ont pas résisté à la catastrophe.

Quand une étoile filante traverse le ciel.

ÉTOILES FILANTES

Quand on peut voir des milliers d'étoiles filantes zébrer le ciel la même nuit, comme une pluie de lumière, c'est qu'il y a une comète là-dessous.

Chaque fois qu'elles s'approchent du Soleil, les comètes fondent un peu : elles laissent derrière elles des nuages de poussières. Ces nuages tournent autour du Soleil et, chaque année à la même date, la Terre fonce dedans comme une voiture dans une tempête de neige. Sauf que les "flocons" sont de petites poussières qui s'enflamment toutes en même temps dans l'atmosphère : c'est la "pluie" d'étoiles filantes.

La "pluie" la plus connue, autour du 12 août, est due à la comète Swift-Tuttle, qui revient nous visiter tous les 130 ans.

Science ou fiction ?

LES ÉTOILES FILANTES SONT DES ÉTOILES.

NON. Ce sont de petites météorites qui brûlent en pénétrant dans notre atmosphère.

AU COMMENCEMENT, LE SOLEIL

Au commencement, il y a un énorme nuage de gaz qui tourne lentement sur lui-même entre les étoiles. Il contient des gaz et de minuscules poussières couvertes d'une mince couche de glace.

Un beau jour, le nuage perd son équilibre et s'effondre comme un ballon qui se dégonfle. Il s'aplatit, se met à tourner de plus en vite. Le gaz tombe vers le centre du nuage qui grossit rapidement et chauffe, chauffe, chauffe ! Voilà, le Soleil s'est allumé.

LE SYSTEME SOLAIRE

LA NAISSANCE DES PLANÈTES

La naissance du système solaire, c'est comme une énigme policière. Il faut trouver les bons indices pour reconstituer ce qui s'est passé il y a plus de 4 milliards d'années...

LES BONS INDICES

Ce scénario correspond-il à ce que nous savons du système solaire ?

Indice numéro 1 : toutes les planètes tournent dans le même sens autour du Soleil, et dans le même plan. Ça va : si le nuage de gaz du début tournait dans un sens, il n'y a pas de raison que les planètes aient changé de sens.

Indice numéro 2 : les planètes proches du Soleil sont rocheuses et celles qui sont loin sont plutôt gazeuses. Cela se comprend : tout près du jeune Soleil, ne résistent que les roches les plus solides, le reste est vaporisé.

Un peu plus loin, le gaz qui vient du nuage du début peut résister, ainsi que la glace qui emballait les grains de poussière. C'est pourquoi les satellites des planètes géantes sont en partie constitués de glace.

Indice numéro 3 : certaines météorites et la Terre ont le même âge : 4,6 milliards d'années. Ça colle, si ces météorites sont des débris d'astéroïdes, et si les astéroïdes sont des débris de bébés planètes.

Indice numéro 4 : les traces d'impacts de météorites à la surface des planètes et de la Lune. Les échantillons étudiés ont montré que les cratères lunaires sont vieux de plus de 3 milliards d'années. C'est normal : au début, il devait rester pas mal de cailloux dans l'espace ; ces cratères d'impact sont la trace du grand nettoyage. Peu soigneux d'ailleurs : astéroïdes et comètes ont bien l'air d'être des gravats oubliés depuis la construction du système solaire par un entrepreneur négligent !

Représentation d'artiste de la naissance du système solaire.

Le sol de la Lune est criblé d'impacts de météorites, vieux de trois milliards d'années.

L'AUBE DES PLANÈTES

À l'intérieur de la galette d'où est né le Soleil, c'est le billard cosmique. Les grains de poussière se sont agglutinés, pour devenir des bébés planètes de quelques kilomètres. Ils sont des milliards, et même plus, qui se cognent à qui mieux mieux. À force de collisions, certains sont pulvérisés, d'autres réussissent à grossir. On a calculé sur ordinateur qu'en quelques dizaines de millions d'années vont naître plusieurs belles planètes. Pourquoi plusieurs, et non pas neuf ? Parce qu'il y a une part de hasard, et qu'on ne sait pas fabriquer exactement le système solaire par ordinateur !

... Dans une enquête comme celle sur la naissance des planètes, il y a des témoins !

Vue d'artiste de Rosetta.

LES COMÈTES RACONTENT

Pour essayer de comprendre la naissance des planètes, les astronomes ont leurs fossiles : tous ces débris en vadrouille dans le système solaire, poussières, astéroïdes, et noyaux de comètes. Les meilleurs fossiles, les moins déformés, ce sont les comètes. Les astronomes étudient donc toutes les comètes qui leur passent sous la main. Ils vont même pouvoir bientôt regarder une comète de près, avec la sonde spatiale Rosetta. Lancée en 2003, elle arrivera huit ans plus tard à sa destination : la comète Wirtanen !

LE MYSTÈRE DES SATELLITES

Au fait, et les satellites ? On les a un peu oubliés dans cette histoire. Comment se sont-ils donc formés ? Les planètes géantes et leur cortège de lunes ressemblent assez à un système solaire en miniature et leur naissance s'est sans doute passée de la même manière que celle du système solaire : nuage de gaz, aplatissement, billard cosmique, etc.

Les anneaux pourraient être beaucoup plus récents (mais il ne faut pas oublier que, pour un astronome, quelque chose de récent peut avoir des dizaines de millions d'années !).

Quant aux lunes de Mars, Phobos et Deimos, elles ont une origine différente puisqu'on pense que ce sont des astéroïdes que la planète rouge aurait capturés.

La formation de la Lune telle que les scientifiques l'imaginent.

LA LUNE EST-ELLE LA FILLE DE LA TERRE ?

Le couple Terre et Lune est un cas à part chez les planètes rocheuses, car aucune n'a de satellite aussi gros et aussi proche.

Pour ce couple-là, il a fallu imaginer un scénario digne d'un film d'horreur : une épouvantable collision entre deux planètes. Peu après la naissance du système solaire, la Terre, tout juste formée, était encore chaude et un peu molle quand elle est entrée en collision avec une autre planète, sans doute un peu plus grosse que Mars. Fort heureusement, les deux planètes ne se sont pas heurtées de plein fouet, mais un peu de côté. Sous le choc, la Terre a été épluchée de ses couches externes, et l'autre planète a, elle, été mise en miettes. Tous ces débris se sont mis en orbite autour de la Terre, puis ils se sont très rapidement rassemblés pour former la Lune.

Notre satellite est donc à la fois fille de la Terre et vestige d'une planète pulvérisée...

LA TERRE, NÉE SOUS UNE BONNE ÉTOILE

De toutes les planètes nées autour du Soleil, seule la nôtre est un paradis, où la vie a pu s'épanouir. Pourquoi ? Les astronomes pensent qu'elle a eu de la chance.

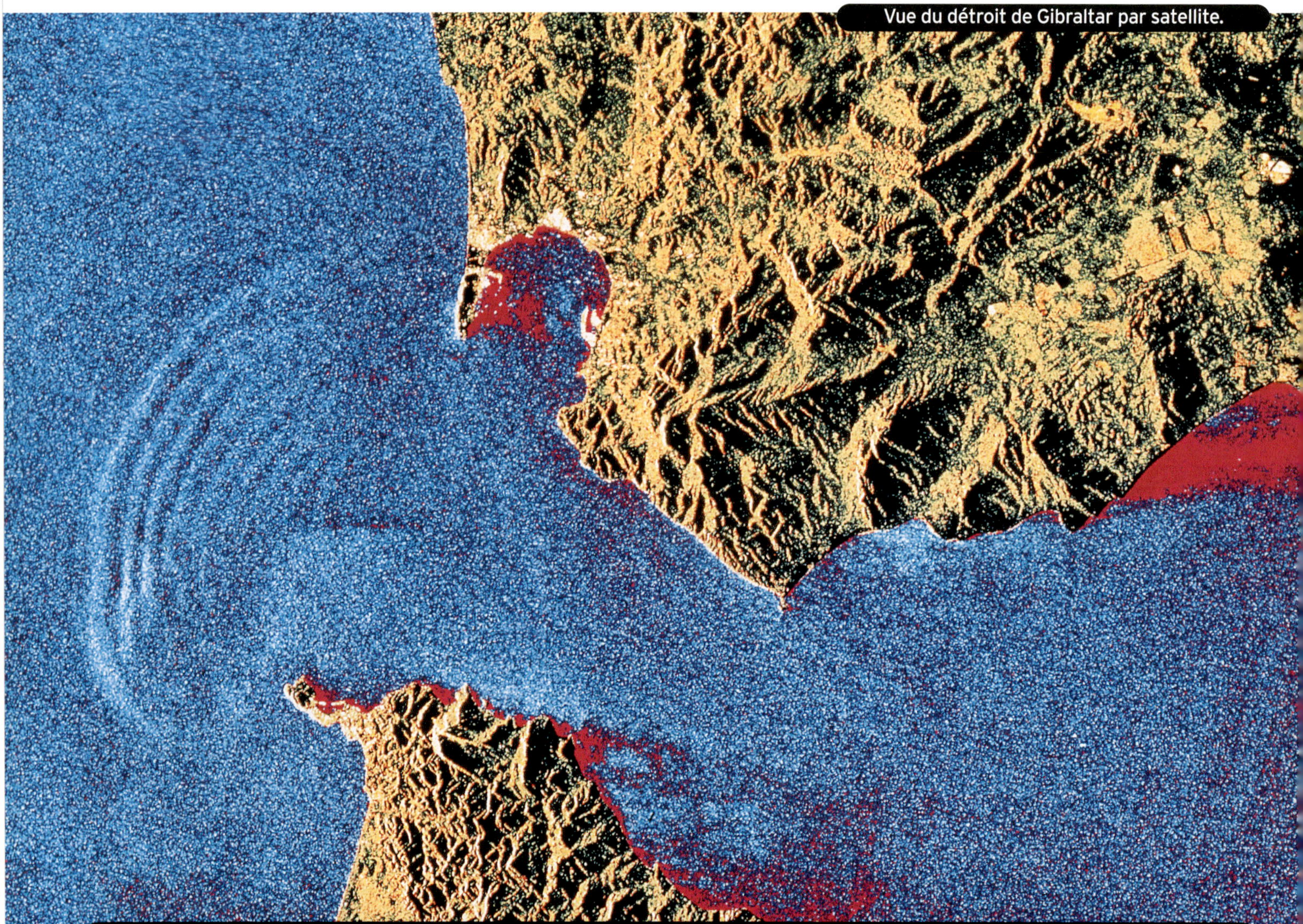

Vue du détroit de Gibraltar par satellite.

L'EAU, C'EST LA VIE !

La première chance de la Terre a été de se trouver pile au bon endroit : ni trop près, ni trop loin du Soleil. Là, elle a pu se faire un petit nid douillet, où la température n'était ni trop élevée, ni trop basse.

La température qui règne à la surface de la Terre est, en moyenne, de 15 °C. Exactement ce qu'il faut pour que l'eau liquide existe, sous forme de mers, de fleuves, de rivières et d'océans. Or cette eau, c'est la vie !

LA LUNE, NOTRE ANGE GARDIEN

Une fois que la vie est apparue sur Terre, il a fallu qu'elle soit protégée des accidents et des catastrophes pour continuer de croître et embellir. Qui a veillé sur elle ? La Lune. La présence de ce gros satellite a permis à la Terre de garder son équilibre, comme le funambule sur son fil a besoin de son balancier pour ne pas tomber. Sans la Lune, notre planète aurait perdu le nord.

Tourneboulée, elle aurait basculé plusieurs fois comme une toupie devenue folle. Le rythme si régulier des saisons aurait été complètement détraqué. Des régions entières, privées de soleil pendant longtemps, auraient plongé dans la nuit et le froid. D'autres auraient au contraire été carbonisées sous les feux du Soleil. L'eau et la vie n'auraient sans doute pas résisté à ce régime.

La Lune, (en haut à gauche) a protégé sa planète, la Terre.

LE COUP DE POUCE DES GÉANTES

Les planètes géantes, et surtout Jupiter et Saturne, les deux plus grosses, ont joué en quelque sorte le rôle de gardes du corps de la Terre : par leur masse imposante, elles ont envoyé valser ailleurs beaucoup de petits corps (astéroïdes et comètes) qui auraient pu menacer la Terre. Sans elles, notre planète aurait reçu beaucoup de météorites.

Les dégâts dans les espèces vivantes auraient pu être très sérieux. La catastrophe qui, il y a 65 millions d'années, a décimé les dinosaures (on pense qu'il s'agissait d'un gros astéroïde qui a percuté la Terre) était bien suffisante !

En chiffres

Aujourd'hui, les mers et océans occupent **70 %** de la surface terrestre.
L'eau constitue **60 %** (en masse) du corps humain.

À LA RECHERCHE DE LA VIE

Pas d'extraterrestres dans le système solaire, mais peut-être des microbes ou des fossiles enfouis dans le sol de Mars ?

DES CANAUX SUR MARS ?

La troisième planète en partant du Soleil est-elle la seule à abriter des êtres vivants ? En tout cas, il n'y a pas de civilisation semblable à la nôtre sur les autres planètes, mais cela ne prouve pas qu'il n'y a rien de vivant. Au XVIIIe et au XIXe siècles, les savants essayaient déjà d'imaginer comment pouvaient être les habitants de Mercure ou de Jupiter, et beaucoup de gens pensaient que Mars était habitée.

D'ailleurs, en 1877, un astronome italien avait annoncé qu'il voyait à la surface de la planète rouge d'immenses lignes droites que l'on a baptisées "canaux", mais on s'est vite aperçu que ce n'était qu'illusion d'optique.

FOSSILES MARTIENS ?

On sait qu'il y a eu de l'eau liquide sur Mars. Si la vie est apparue à ce moment-là et a disparu quand la planète s'est asséchée, ces martiens-là ont peut-être laissé des fossiles. Mais ce n'est déjà pas facile de trouver des fossiles sur Terre, ça l'est encore moins sur Mars. Pour ça, il faudra peut-être envoyer des astronautes sur Mars, mais ils ne pourront pas passer la planète au peigne fin !

Panorama de Mars.

SOUS LE REGARD
DES SONDES SPATIALES

Pas de civilisation sur Mars, ça ne veut pas dire pas de vie. Il faut vérifier ! La planète rouge est survolée par les sondes Mariner en 1965, 1969 et 1971 : hélas ! ni végétation, ni traces d'êtres vivants. Alors, peut-être des microbes ? En 1976, les deux sondes Viking se posent sur Mars pour fournir des "aliments" à des échantillons de sol martien. Si ces échantillons contiennent des êtres vivants, ils devraient digérer les aliments. Mais il ne se passe rien. Pas de microbes !

L'un des robots qui devrait aller sur Mars en 2003.

Depuis, les Américains ont lancé plusieurs sondes vers Mars. Deux ont été perdues en 1999, mais, en 1997, un petit robot monté sur chenilles, Mars Pathfinder ("Éclaireur"), a réussi à se déplacer d'une centaine de mètres ! En 2003, la Nasa (l'agence spatiale américaine) veut recommencer avec deux robots. Entre-temps, Mars Surveyor 2001 Orbiter doit se mettre en orbite pour étudier en détail la surface et le climat de Mars ; Mars Express sera lancé par les Européens en 2003.

Mars.

AILLEURS
DANS LE SYSTÈME SOLAIRE

Les autres planètes ne sont pas des endroits très excitants pour y chercher des traces de vie : Mercure n'a pas d'atmosphère, Vénus est un enfer, les planètes géantes n'ont pas de sol.

Restent quelques satellites où l'on pourrait espérer trouver une vie très simple : sous la banquise d'Europe, il y a probablement un océan, ou alors sous les nuages du mystérieux Titan, le seul satellite qui possède une vraie atmosphère. Mais ne rêvons pas, nous sommes tout seuls dans le système solaire...

Une plaine martienne.

Le jour où...

Armstrong marcha sur la lune

Buzz Aldrin photographié sur la Lune par Neil Armstrong.

21 juillet 1969, 4 heures du matin en France. Les yeux rivés sur leur écran, des millions de téléspectateurs du monde entier regardent l'astronaute Neil Armstrong descendre lentement l'échelle du LEM, le module lunaire.

Un petit pas pour l'homme

Ça y est, il accomplit ce que personne n'avait jamais fait avant lui : poser le pied sur un autre monde que le nôtre. Le voilà sur la Lune ! Il prononce sa célèbre phrase : "*C'est un petit pas pour l'homme, mais un pas de géant pour l'humanité.*" Bientôt, il marche dans la poussière lunaire, qu'il trouve "fine et poudreuse". Il marche, ou plutôt il bondit. Normal : la Lune l'attire six fois moins que la Terre. Sur notre planète, avec son scaphandre et ses équipements, il faisait bien 200 kilos. Là-haut, l'astronaute américain pesait six fois moins. Pas étonnant qu'il ait l'impression de s'envoler !

Une mission tranquille
Le LEM s'est posé dans la mer de la Tranquillité. C'est un très bon présage : la mission Apollo 11 se déroule sans accrocs. Avec son collègue Buzz Aldrin, venu le rejoindre, Armstrong passe deux heures et demie sur la Lune. À eux deux, ils ramassent une vingtaine de kilos d'échantillons de sol lunaire, qui seront étudiés à leur retour dans les laboratoires de la Nasa. Le troisième larron, le pilote Michael Collins, est resté aux commandes du vaisseau *Columbia*, en orbite autour de la Lune.

Fêtés en héros
Justement, il est temps de rentrer. Le LEM redécolle et rejoint le vaisseau *Columbia*. Direction la Terre. Le 24 juillet, la petite capsule où les trois hommes se serrent tant bien que mal amerrit dans l'océan Pacifique. À leur retour, Armstrong, Aldrin et Collins sont fêtés en véritables héros.

L'INTRUS ...

Un de ces hommes a "décroché la lune" sans marcher dessus. Lequel ?

1

2

3

RÉPONSE
Le 1 : Youri Gagarine, cosmonaute russe, n'a pas marché sur la Lune, mais il a réussi lui aussi un difficile exploit. Et quel exploit ! Il fut le premier homme en orbite, le 12 avril 1961. Cette nouvelle fit enrager les Américains, vexés d'avoir perdu la course à l'espace. Ils réagirent en envoyant par la suite douze hommes sur la Lune.
2 : L'Américain Neil Armstrong est le premier homme à fouler la Lune, le 21 juillet 1969, lors de la mission Apollo 11.
3 : L'Américain Harrison Schmitt est le dernier homme à quitter la Lune, le 13 décembre 1972, lors de la mission Apollo 17.

Six réussites et un raté

Entre juillet 1969 et décembre 1972, six missions Apollo ont atteint notre satellite, et douze hommes ont marché sur la Lune (chaque fois, les pilotes resteront en orbite).
À part Apollo 11, ces missions étaient : Apollo 12 (décollage le 14 novembre 1969, retour sur Terre le 24 novembre), Apollo 14 (31 janvier-9 février 1971), Apollo 15 (26 juillet-7 août 1971), Apollo 16 (16-27 avril 1972), Apollo 17 (7-19 décembre 1972).
Et Apollo 13 ? Parti le 11 avril 1970, l'équipage a raté la Lune ! Il a frôlé la catastrophe car un des réservoirs du vaisseau a explosé en cours de route pour la Lune. L'équipage reviendra sain et sauf sur Terre le 15 avril.

Le nom des astres

Les astres du système solaire, c'est un peu la grande famille du dieu Jupiter. Car le roi des dieux avait de nombreuses petites amies et beaucoup d'enfants.

Qui sont les dieux qui ont donné leurs noms aux planètes du système solaire ? **Mercure** était le messager des dieux, **Vénus** la déesse de l'Amour, **Mars** le dieu de la Guerre, **Jupiter** était le roi des dieux (ça tombe bien, c'est la plus grosse planète, mais cela, les Grecs et les Romains ne le savaient pas). Quant à **Saturne**, c'est le père de Jupiter et le dieu des vignerons et des paysans.

Quand on a découvert les autres planètes, on a continué dans le même style. **Uranus** a été découverte par William Herschel qui voulait la nommer *Georgium sidus* (astre de Georges), en l'honneur du roi George III, dont il était le protégé ; mais on lui a donné le nom du père de Saturne. **Neptune** est le dieu de la Mer et aussi le frère de Jupiter, et **Pluton** est le dieu des Enfers. Il faut dire aussi que les deux premières lettres de Pluton sont les initiales de Percival Lowell, qui avait fondé et financé l'observatoire où cette planète a été découverte : le découvreur de Pluton n'a pas oublié de mentionner son sponsor !

Halley, déjà

Dans son célèbre tableau *L'Adoration des mages*, le peintre italien Giotto (né en 1266 et mort en 1337) a représenté une belle comète. On pense qu'il a été inspiré par celle passée en 1301 en Italie, et qui n'était autre que la célèbre comète de Halley.

À l'époque, bien sûr, elle ne s'appelait pas ainsi, puisque Edmond Halley, l'astronome dont elle a pris le nom, a vécu au XVIIe siècle !

L'Adoration des mages, peint par Giotto (v. 1305).

Fausse étoile, vraie planète

Peu de gens savent que l'étoile du berger n'est pas une étoile, mais la planète Vénus. Comme elle est parfois vraiment très brillante, c'est le premier point lumineux à apparaître dans le ciel après le coucher du soleil.

Et comme c'est aussi la dernière à s'éteindre quand le soleil se lève, on l'appelle aussi l'étoile du matin !

ETO

SOMMAIRE

LES
ILES

Les étoiles sont des chaudrons où se fabrique la matière de l'Univers. Leur monde commence à notre porte, avec la plus célèbre d'entre elles : le Soleil.

118. Gros plan sur... les nébuleuses
120. Les étoiles à planètes

LE SOLEIL EST UNE ÉTOILE

Quinze millions de degrés : qui peut imaginer ce qui se passe à une température pareille ? Pourtant, c'est celle de la fournaise nucléaire au cœur du Soleil

Image du Soleil en rayons X prise par le satellite japonais Yohkoh.

LA PLUS GROSSE BOULE DE GAZ DU SYSTÈME SOLAIRE

Le Soleil est à la source de toute vie sur terre : sans lui, ni chaleur ni lumière ; sans lumière, ni plantes ni animaux. Mais de quoi est-il fait ? Et pourquoi est-il brillant ? Est-ce une grande montagne brillante, comme le pensaient les Grecs ? Un pot de terre chauffé à blanc, comme l'imaginait le peuple Dogon du Mali ? Un énorme morceau de charbon en fusion ? Rien de tout cela : le Soleil est une énorme boule de gaz très chaud. Énorme comment ? Il mesure un million et demi de kilomètres de diamètre – dix fois plus que Jupiter – et sa masse est évaluée à 2 milliards de milliards de milliards de tonnes !

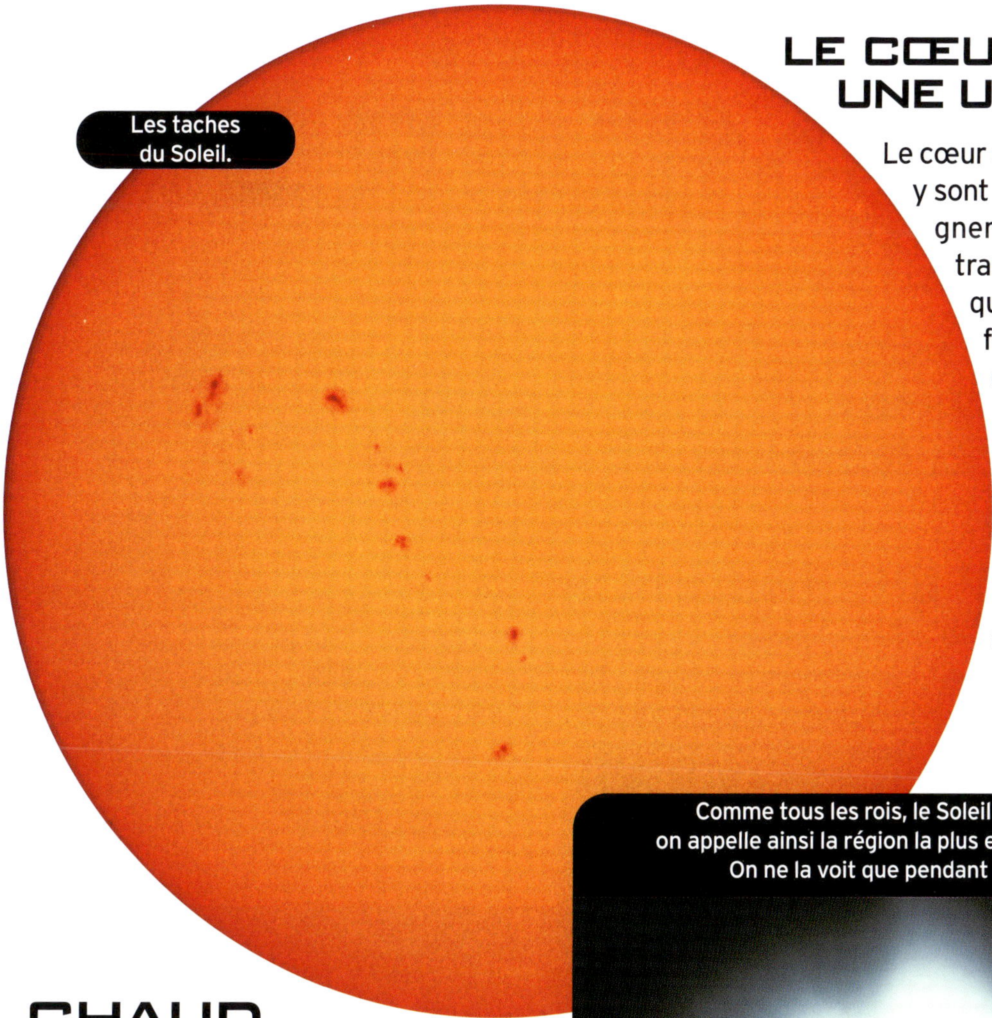

Les taches du Soleil.

LE CŒUR DU SOLEIL EST UNE USINE NUCLÉAIRE

Le cœur du Soleil est si chaud que les atomes y sont violemment agités. Parfois, ils se cognent si fort qu'ils se mélangent et se transforment en un atome plus compliqué. Chaque seconde, le Soleil transforme ainsi 600 millions de tonnes d'hydrogène en hélium. Cette transformation, la fusion nucléaire, ne se passe que dans les régions centrales très chaudes du Soleil. Elle produit énormément d'énergie, qui émerge de la surface de notre étoile sous forme de lumière et met 8 minutes à arriver jusqu'à la Terre.

CHAUD ET BRILLANT

Le Soleil est brillant parce qu'il est très chaud : 5 500 °C en surface, et au centre, une quinzaine de millions de degrés. On appelle "surface" la région du Soleil d'où s'échappe sa lumière, mais on ne pourrait pas y marcher, bien sûr, puisque c'est du gaz. Question composition, le gaz solaire contient surtout de l'hydrogène, un peu d'hélium, et des pincées d'autres atomes comme le carbone, l'oxygène, l'or et le fer.

Comme tous les rois, le Soleil a sa couronne : on appelle ainsi la région la plus extérieure du Soleil. On ne la voit que pendant les éclipses.

En chiffres

Est-ce chaud, **5 500°C** ? L'eau bout à **100 °C** ; dans un four le gigot cuit à **200 °C** ; la partie bleue de la flamme d'une bougie est à plus de **1 000°C** ; et le fer fond à **1 536 °C**.

LE CHANT DU SOLEIL

Le moteur du Soleil est caché dans son cœur, une région qu'on ne peut pas voir. Alors comment les astronomes connaissent-ils sa température ? En regardant comment le Soleil vibre. Car notre étoile vibre en permanence, comme un énorme flan gélatineux. Il paraît que les détectives tapent sur un mur pour savoir s'il est creux ou pas : les astronomes font pareil avec le Soleil.

DES SOLEILS DOMESTIQUÉS ?

Dans les centrales nucléaires qui produisent de l'électricité, au contraire de ce qui se passe dans le Soleil, on casse des atomes compliqués en atomes plus simples pour produire de l'énergie.

LES HUMEURS DU SOLEIL

Le Soleil mène une vie sans histoires depuis 5 milliards d'années. Cela ne l'empêche pas de faire de grosses colères tous les onze ans.

COUVERT DE TACHES

Il paraît que le Soleil est une étoile plutôt calme, mais, vu de la Terre, il n'a pas toujours l'air tranquille. Quand il est en colère, le Soleil se couvre de taches sombres, ou bien il crache du gaz brûlant : ce sont les éruptions. Ces périodes de Soleil "actif" se produisent environ tous les 11 ans. Le Soleil passe donc par des alternances de calme et d'activité. Pourquoi, on ne le sait pas exactement, mais ce cycle pourrait bien avoir de l'importance pour le climat de la Terre.

LE CHAUDRON SOLAIRE

Si le Soleil ne porte souvent aucune tache quand il est calme, il peut en montrer des centaines quand il est actif. Ces taches solaires semblent plus sombres que le reste du Soleil, parce qu'elles sont moins chaudes : leur température est de 3 000 ou 4 000 °C, au lieu de 5 500. Quand on prend des photos du Soleil à intervalles réguliers, on voit les taches se déplacer, car le Soleil tourne sur lui-même. On les voit aussi changer de forme, grossir, maigrir, parfois disparaître. On a maintenant des images très précises du Soleil, qui montrent que sa surface est un véritable chaudron de sorcière qui bout à gros bouillons !

C'est normal quand on y pense : comme le cœur du Soleil est bien plus chaud que sa surface, il se passe la même chose que quand on met une casserole de soupe sur le gaz. Chauffé par en dessous, le liquide se met à bouillir. Le bouillonnement mélange les régions chaudes et froides. Sur le Soleil, les taches sont des endroits qui n'arrivent pas à bouillonner et sont donc moins chauds que le reste.

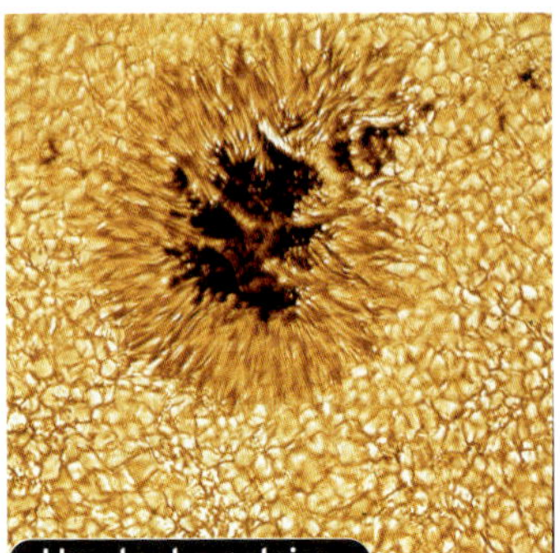

Une tache solaire.

Quand le Soleil entre en éruption, il envoie partout dans l'espace des atomes chargés d'énergie. Quand des atomes de l'atmosphère de la Terre reçoivent ces particules, ils émettent de la lumière de différentes couleurs : ce sont les aurores boréales.

Une éruption solaire. Le Soleil, masqué par un disque marron, est représenté au centre par un cercle blanc.

QUAND LE SOLEIL FAIT DES ÉRUPTIONS

Beaucoup plus spectaculaires que les taches, les éruptions : sans crier gare, le Soleil envoie dans l'espace interplanétaire d'immenses langues de gaz très chaud, parfois plus grandes que la distance de la Terre à la Lune ! Les éruptions durent entre quelques minutes et quelques heures... Elles peuvent avoir des effets sur Terre, certains "décoratifs" comme les aurores boréales ou australes, d'autres plus ennuyeux.

Par exemple, les communications radio peuvent être coupées, et les lignes d'électricité à haute tension abîmées. Et s'il y a des astronautes en orbite autour de la Terre, ils peuvent être touchés par des radiations très dangereuses.

On essaie donc de prédire les éruptions du Soleil, mais cette "météorologie de l'espace" est pour l'instant moins précise que la météo habituelle !

OBSERVER LE SOLEIL

Il y a des précautions à prendre pour observer le roi Soleil. Il ne faut jamais le regarder en face, sous peine de se brûler la rétine, et encore moins le regarder à travers un ap-

pareil photo, une lunette astronomique ou des jumelles, car ces appareils concentrent la lumière. La bonne méthode pour observer par exemple les taches solaires, c'est de projeter l'image du Soleil sur une surface blanche.

LES ÉTOILES SONT DES SOLEILS

Pour les spécialistes, notre merveilleux Soleil est une banale étoile jaune. Ordinaires ou pas, toutes les étoiles brillent grâce aux réactions nucléaires qui se passent dans leur cœur.

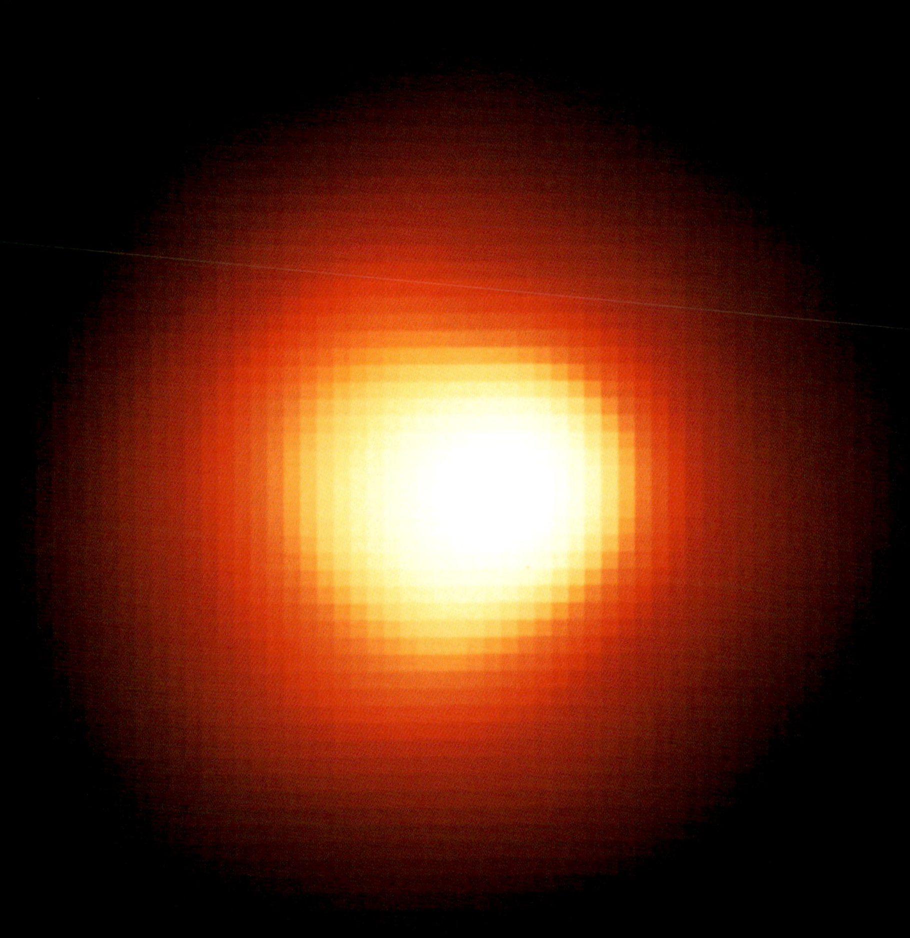

L'étoile géante Bételgeuse est 500 fois plus grande que le Soleil.

NAINES ET GÉANTES

Si le Soleil est vraiment énorme et très chaud, il faut néanmoins savoir qu'à côté de ses milliards de sœurs les autres étoiles, le Soleil passe vraiment inaperçu.

Des étoiles, on en connaît de toutes sortes : des petites, des grosses, des très chaudes et des moins chaudes, des rougeâtres, des jaunes et des bleues. Certaines vivent très longtemps et d'autres brûlent la chandelle par les deux bouts.

Le Soleil, lui, est... banal. Il n'est pas très gros : il existe des étoiles géantes comme Bételgeuse, dans la constellation d'Orion, dont le diamètre vaut 500 fois celui de notre étoile.

D'ailleurs, les astronomes appellent les étoiles comme le Soleil des "naines" ! Un peu vexant, non ? Rassurons-nous, il y a aussi beaucoup d'étoiles plus petites que le Soleil.

UNE MESURE DÉMESURÉE

Pas très massif non plus, le Soleil : on trouve des étoiles 100 fois plus massives que la nôtre, d'autres 10 fois moins. Petite consolation : la masse du Soleil sert à mesurer celle des autres étoiles.

Pour les astronomes, l'unité de masse n'est donc pas le kilo, mais la masse solaire : 2 milliards de milliards de milliards de tonnes.

ÉTOILES ROUGES ÉTOILES BLEUES

Enfin, le Soleil n'a rien de très chaud : 5 500 °C en surface, si on le compare à des étoiles comme Rigel, dont la température est de 11 000 °C ; mais il y en a aussi de bien plus froides, comme Arcturus, dans la constellation du Bouvier, avec "seulement" 3 000 °C.

Il est facile de reconnaître une étoile très chaude car elle est bleuâtre. Une étoile un peu moins chaude est jaune, comme le Soleil, et une étoile froide (si on peut dire...) à 3 000 °C est rouge. Cela peut paraître bizarre que le rouge veuille dire froid et le bleu chaud. Mais il suffit de penser à ce qui se passe quand on chauffe du fer dans une forge : le morceau de fer passe du rouge à l'orange, puis au blanc-bleu.

Champ d'étoiles de couleurs variées.

Un champ d'étoiles près du pôle Sud céleste.

TOUTES LES MÊMES

Petites ou grosses, massives ou pas, bleues ou rouges, les étoiles fonctionnent toutes de la même manière : grâce à des réactions de fusion nucléaire, elles produisent de l'énergie dans leur cœur. Cela veut donc dire qu'à partir d'atomes simples, elles fabriquent des atomes compliqués.

Quel genre d'atomes ? Cela dépend de la masse de l'étoile : les étoiles comme le Soleil sont occupées à produire de l'hélium, un atome très simple, alors que les mastodontes de dix masses solaires ont le cœur plein de carbone, d'oxygène, ou même de fer. On peut trouver peut-être un peu étrange qu'il y ait du fer dans les étoiles, mais presque tous les atomes dont nous sommes faits ont été fabriqués dans le four nucléaire à l'intérieur d'une étoile. Comment ils en sont sortis est une autre histoire...

Science ou fiction ?

IL EXISTE DES ÉTOILES DE TOUTES LES COULEURS.

NON. Des étoiles bleues, rouges, orangées, jaunes ou blanches, d'accord. Mais ce n'est que dans l'imagination des peintres ou sur les arbres de Noël que les étoiles sont vertes ou violettes.

QUAND LES ÉTOILES VIVENT À DEUX

Dans la grande famille des étoiles, notre Soleil est vraiment un cas à part. C'est une étoile solitaire, alors que beaucoup d'autres vivent en couples !

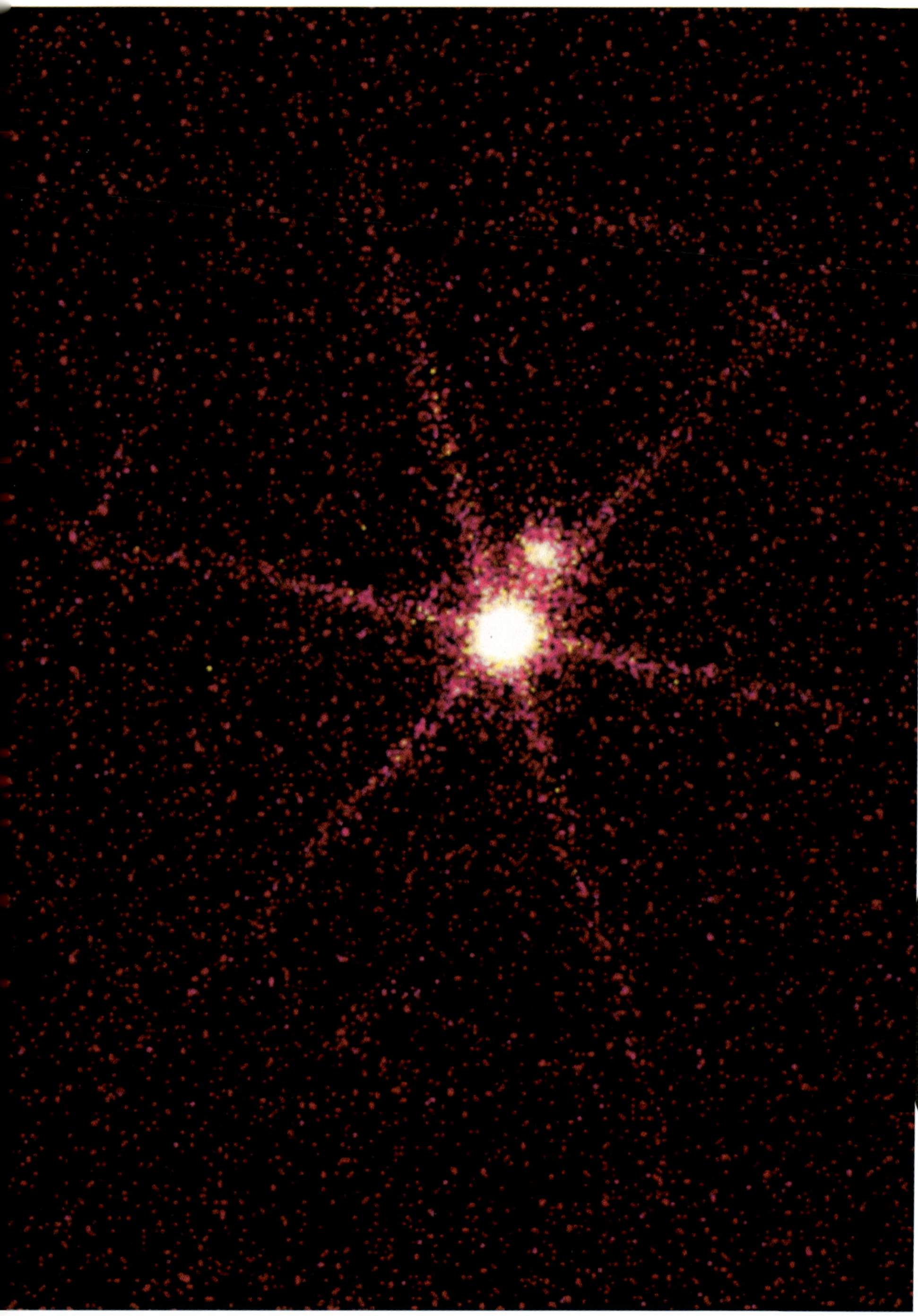

Sirius, l'étoile la plus brillante du ciel et sa compagne, au-dessus d'elle, à droite.

LA GRANDE LOI DE L'UNIVERS

Peu de gens aiment vraiment la solitude et, dans le ciel, une majorité d'étoiles ont l'air d'être du même avis. Les astronomes se sont aperçus que les couples, qu'on appelle aussi les "étoiles doubles", étaient la règle plutôt que l'exception. Comment, d'abord, les étoiles font-elles pour vivre à deux ? C'est simple, elles ne font qu'obéir à la grande loi de l'Univers : "les masses attirent les masses".

À cause de cette attraction, les deux étoiles d'un couple passent leur vie à tourner l'une autour de l'autre. Elles sont nées en même temps, mais ne sont pas forcément de vraies jumelles.

Parfois, elles se ressemblent, elles ont à peu près la même masse et le même éclat. Mais parfois, pas du tout. Alors l'étoile la plus massive dicte sa loi à sa compagne, souvent pour le pire. Elle ne se gêne pas par exemple pour la dépouiller : lentement mais sûrement, elle lui arrache des lambeaux de gaz. En tombant sur l'étoile "cannibale", ce gaz provoque de gigantesques explosions. Puis tout redevient calme, jusqu'à la prochaine fois. Comme quoi, même pour les étoiles, la vie de couple n'est pas toujours de tout repos !

Mizar est le deuxième point lumineux de la Grande Ourse en partant de la gauche et Alcor semble "collée" à elle.

UN FAUX COUPLE CÉLÈBRE

D'autres couples d'étoiles cachent bien leur jeu... Sur le ciel, les deux compagnes semblent proches alors qu'en réalité, elles sont très éloignées l'une de l'autre et n'ont aucun rapport entre elles ! L'un de ces "faux couples" est très célèbre. Il se trouve au beau milieu de la queue de la Grande Ourse. Avec un peu d'entraînement, on distingue facilement à l'œil nu qu'il y a là deux étoiles : Mizar, la plus brillante, et Alcor, sa "complice". En fait, elles sont si éloignées l'une de l'autre que le système solaire tout entier, Soleil compris, tiendrait facilement entre elles. La lumière met trois années pour voyager de l'une à l'autre.

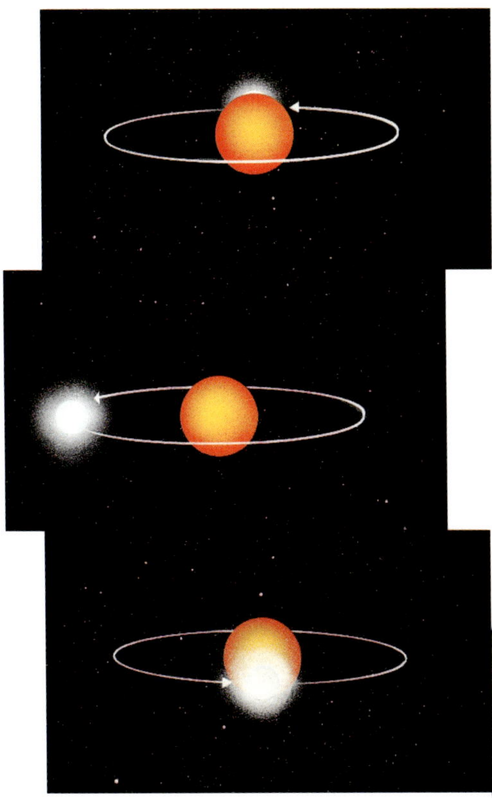
Quand deux étoiles tournent l'une autour de l'autre et s'éclipsent.

ÉCLIPSES D'ÉTOILES

Les étoiles doubles ne s'observent pas facilement. Il faut souvent des télescopes très puissants pour découvrir, à la place de ce que l'on prenait pour une banale étoile, la présence de deux compagnes vivant côte à côte. Mais, parfois, la nature donne un petit coup de pouce aux astronomes : il faut pour cela que les deux étoiles du couple soient assez rapprochées l'une de l'autre, et orientées de telle façon que, vues de la Terre, elles se passent l'une devant l'autre.

Ainsi, les deux étoiles "s'éclipsent", et la lumière qu'on reçoit d'elles semble baisser puis remonter très régulièrement.

En chiffres

Les astronomes pensent qu'environ **75%** des étoiles vivent à deux et plus. Car ils connaissent aussi beaucoup d'étoiles vivant à 3, 4, 5, 6 ou même 7 !

QUAND LES ÉTOILES VIVENT EN GROUPE

Un peu à la manière des abeilles, certaines étoiles s'agglutinent en essaims, qu'on appelle des "amas".

En chiffres

Le plus gros amas globulaire connu, Oméga du Centaure, contient **10** millions d'étoiles, et mesure 300 années-lumière de diamètre. La lumière met donc 300 ans pour le traverser.

PELOTES D'ÉTOILES...

Certains amas d'étoiles ressemblent à de vraies pelotes d'épingles, qu'une couturière aurait piquées en rangs très serrés sur le velours sombre de la nuit.

Ces "amas globulaires", comme on les appelle, sont effectivement des boules compactes d'étoiles, et d'autant plus denses qu'on s'approche de leur cœur. Les plus petits amas globulaires renferment déjà plusieurs centaines de milliers d'étoiles, qui s'entassent dans une sphère d'une cinquantaine d'années-lumière de diamètre. Les plus gros comptent des millions d'étoiles.

Les étoiles d'un amas globulaire sont toutes nées ensemble, dans un très lointain passé. Ces amas-là sont de vraies antiquités : ils sont presque aussi vieux que l'Univers lui-même! Ces rescapés de la nuit des temps, témoins du moment où les premières étoiles se sont allumées, intéressent les astronomes.

Malheureusement, ils sont beaucoup plus lointains que les étoiles banales, et donc plus difficiles à étudier. Le plus proche de nous se trouve à 7 000 années-lumière de nous. Quant aux autres, ils nous "narguent" à 15 000, 20 000 ou 25 000 années-lumière !

Une "colonie" de centaines de milliers d'étoiles : voici l'amas globulaire M80, à 28 000 années-lumière de la Terre.

Ci-dessus : Dans l'amas des Pléiades, à l'œil nu, on peut voir six étoiles qui brillent intensément d'une belle couleur bleutée. Mais en réalité, l'amas abrite environ 500 étoiles. Ci-contre : Les étoiles agglutinées du gros amas globulaire Oméga du Centaure.

... OU GROUPES DE JEUNES

Les "amas ouverts" sont beaucoup plus jeunes, plus proches de nous, plus clairsemés et, aussi, moins riches en étoiles. Le plus célèbre du ciel est l'amas des Pléiades, dans la constellation du Taureau.

Toutes ses étoiles sont nées ensemble il y a moins de 100 millions d'années. Elles sont très jeunes, comparées au Soleil, âgé de 5 milliards d'années ! Ainsi, imaginons que le Soleil a 50 ans : alors les étoiles des Pléiades, elles, n'ont pas encore un an.

LES SŒURS PERDUES DU SOLEIL

Les étoiles d'un amas globulaire sont vieilles, et leur destin est de rester à jamais agglutinées les unes aux autres, contre vents et marées. Au contraire, les étoiles d'un amas ouvert sont très jeunes et vont finir par se quitter. Au fil du temps, elles vont s'éparpiller, chacune allant de son côté.

C'est sans doute ce qui est arrivé à notre Soleil. Il est né ainsi, au sein d'un petit amas d'étoiles. Mais, depuis, il a perdu tout contact avec ses sœurs, qui se sont dispersées un peu partout à travers la Voie lactée. Aujourd'hui, notre étoile n'a plus aucune chance de retrouver la trace de sa famille.

COMMENT LES ÉTOILES NAISSENT

Pour fabriquer des étoiles, la recette est simple: il faut un nuage de gaz, une grosse louche de poussières, et beaucoup de patience.

Jeunes étoiles au centre d'un nuage sombre.

IL ÉTAIT UNE FOIS UN NUAGE...

Dans l'Univers, beaucoup d'histoires commencent par "Il était une fois un nuage". Celle des étoiles n'échappe pas à la règle. Il était une fois, donc, un nuage de gaz (de l'hydrogène, toujours...) et de poussières, qui, un beau jour, commence à s'effondrer sous son propre poids. Il ne le fait sûrement pas tout seul : il lui faut un "coup de main". Par exemple, une grosse étoile qui explose pas très loin de lui, dans un éclair de lumière. De telles explosions créent une violente onde de choc qui se propage à vive allure dans l'espace. Quand cette onde vient frapper un nuage, cela le déstabilise et le fait s'effondrer sur lui-même.

Reprenons. Dans notre nuage de gaz et de poussières qui s'effondre apparaissent des grumeaux, des sortes de "poches" plus denses. Chacun de ces grumeaux va pouvoir donner naissance à une étoile.

LA NAISSANCE D'UNE ÉTOILE

Chaque petit grumeau attire la matière autour de lui. Il grossit. Mieux : plus il est gros, plus il attire la matière, et donc plus il "engraisse". Il tourne sur lui-même, et de plus en plus vite.

Progressivement, il s'aplatit et prend la forme d'une galette de gaz et de poussières. En son centre, ça commence à chauffer. La température grimpe.

UN SECRET BIEN GARDÉ

En chiffres

Il s'écoule environ **1** million d'années entre le moment où le nuage commence à s'effondrer et celui où une étoile se met vraiment à briller.

Les choses se passent-elles vraiment ainsi ? Les astronomes pensent que oui, mais ils n' en sont pas sûrs à cent pour cent. Pourquoi ? Parce que les bébés étoiles sont enveloppés de langes de poussières. Cette poussière ressemble à un cocon opaque : elle empêche presque toute la lumière, sauf l'infrarouge et les ondes radio, de passer. Donc, les astronomes n'ont eu que rarement l'occasion d'assister "en direct" à ce moment émouvant où un bébé étoile sort du néant pour commencer sa vie. La naissance des étoiles reste encore un événement très mystérieux.

Cachées dans les nuages de la nébuleuse d'Orion, des étoiles sont en train de naître.

Lorsqu'elle atteint plusieurs millions de degrés, la lumière jaillit : au cœur de la galette, un bébé étoile s'allume. D'abord, il luit timidement. Il lui faudra encore un peu de temps pour que démarrent les réactions de transformation de l'hydrogène qui le feront vraiment briller. Alors seulement, une étoile sera née !

Pour l'instant, le bébé étoile souffle très fort pour se refroidir un peu. Il projette au loin le gaz et la poussière qui restent du grumeau du début de l'histoire.

De ce reste de nuage pourront naître, quelque temps après... des planètes.

COMMENT LES ÉTOILES VIVENT

Les étoiles mènent pendant longtemps une vie plutôt tranquille. Mais, comme dans la fable de La Fontaine, il y a les cigales qui gaspillent et les fourmis qui économisent.

L'étoile *R Corona Australis* (au centre) est encore très jeune. Mais elle va vivre bien moins longtemps que notre Soleil.

PLUS DE MASSE, MOINS DE VIE

En fait, plus une étoile est massive, plus sa vie est courte. Les grosses étoiles sont de vraies cigales, qui dépensent leur hydrogène sans compter. Tout se passe comme si elles étaient lancées dans une sorte de "course à l'énergie" : il faut qu'elles en produisent toujours plus, et de plus en plus vite. Bref, elles gaspillent leur hydrogène, en le consommant à un rythme infernal. En conséquence, leur vie dure à peine un battement de cils à l'échelle de l'Univers.

La nébuleuse de la Carène, où se cache une grosse étoile sur le point d'exploser.

Science ou fiction ?

L'HYDROGÈNE EST LE CARBURANT DES ÉTOILES.

→ **OUI.** Et c'est quand il commence à manquer au cœur des étoiles que les choses se gâtent.

INJUSTICE CÉLESTE

Ainsi va le destin des étoiles : ces grosses boules de gaz passent la plus grande partie de leur vie à brûler tranquillement l'hydrogène dont elles sont composées. Ainsi, elles le transforment en atomes plus lourds, plus compliqués, comme l'hélium. Cette transformation produit de l'énergie, mais elle a un prix : plus les réserves d'hydrogène s'épuisent, plus la tranquillité de l'étoile est menacée.

Combien de temps vivent les étoiles ? Leur durée de vie dépend complètement de leur masse. Et, si surprenant que ça puisse paraître, les étoiles les plus massives, celles qui possèdent au départ les plus grandes réserves d'hydrogène, ne sont pas les plus chanceuses, bien au contraire !

Dans cette nébuleuse géante, brillent des étoiles à différentes étapes de leur vie.

Une étoile trente fois plus massive que le Soleil ne peut pas espérer vivre plus de 10 millions d'années. Une étoile de trois masses solaires gagne un peu de répit : son existence dure 500 millions d'années. Cela semble long, mais c'est tout de même vingt fois plus court que ce que vivra le Soleil !

LES NAINES ROUGES, CHAMPIONNES DES ÉCONOMIES

Notre Soleil, lui, fait partie du petit peuple des fourmis, autrement dit des étoiles économes. Sa masse très moyenne (pour une étoile) lui garantit une existence de 10 milliards d'années. Vieux de 5 milliards d'années, il en est donc aujourd'hui à la moitié de sa vie.

Mais les vraies doyennes de l'Univers sont les naines rouges, des étoiles encore moins massives que le Soleil. Championnes toutes catégories des économies, elles consomment leur hydrogène à tout petit feu. À ce rythme, elles peuvent vivre jusqu'à 200 milliards d'années, quasiment une éternité !

Quoi qu'il en soit, quand une étoile a épuisé tout son carburant, c'est le signe qu'elle va disparaître. Cette disparition sera progressive pour le Soleil, et grandiose dans le cas des grosses étoiles.

Science ou fiction ?

LES ÉTOILES LES PLUS MASSIVES VIVENT PLUS LONGTEMPS.

→ **NON.** Au contraire, ce sont celles qui ont la vie la plus courte.

COMMENT LES ÉTOILES MEURENT

Un jour, les étoiles meurent faute de carburant nucléaire. Le Soleil tombera en "panne sèche" dans 5 milliards d'années et deviendra alors géante rouge puis naine blanche...

FIN DU PREMIER ÉPISODE

À force de brûler son hydrogène, chaque étoile finit un beau jour sans carburant. Pour le Soleil, ce jour arrivera dans environ 5 milliards d'années. De l'hydrogène, il lui en restera des quantités, mais dans ses couches extérieures, là où il ne fait pas assez chaud pour amorcer les réactions de fusion. Plus de fusion, plus d'énergie : c'est la crise.

Science ou fiction ?

IL Y A DES PLANÈTES DANS UNE NÉBULEUSE PLANÉTAIRE.

NON. Pas du tout, mais quand on regarde une nébuleuse planétaire avec un petit télescope, on voit un objet flou qui ressemble à une planète.

RENAÎTRE DE SES CENDRES

Solution : brûler l'hélium. Mais il faut pour cela une température de 100 millions de degrés. Le cœur de l'étoile va se contracter et se réchauffer à cette température inimaginable. Alors, de nouvelles réactions de fusion se produiront. Les atomes d'hélium se transformeront en atomes de carbone, d'oxygène et d'azote, ce qui va de nouveau dégager de l'énergie.

Gros plan sur des petits grumeaux de gaz dans les coquilles de la nébuleuse de l'Hélice.

QUAND LE SOLEIL DEVIENDRA GÉANTE ROUGE

Un répit d'un petit milliard d'années commencera alors pour le Soleil. Cette énergie nouvelle fera gonfler ses couches extérieures. Il enflera et se dilatera tant et si bien qu'il atteindra presque l'orbite de Mars ! Sa surface se refroidira et deviendra d'un beau rouge (rien de contradictoire avec le fait que son cœur, lui, sera bien plus chaud que maintenant) : voilà le Soleil devenu une géante rouge.

La nébuleuse de l'Hélice. Les régions jaunes et rouges sont des "coquilles" de gaz crachées par une vieille étoile (le point brillant et bleuâtre au centre de l'image).

UN SOLEIL SANS ÉNERGIE

Plus tard encore, l'histoire se complique et s'accélère. Le Soleil se mettra à hoqueter, à cracher des "coquilles" de gaz chauds, à gonfler, à rétrécir... Ces symptômes trahiront un nouveau manque de carburant : l'hélium du cœur commencera à s'épuiser. Mais, cette fois, le Soleil n'aura pas de nouvelle astuce pour s'en sortir. Sans énergie, il va se dégonfler complètement et s'effondrer sous son propre poids. Il deviendra alors une naine blanche, astre minuscule, très chaud et très dense : une masse pas très différente de celle du Soleil, mais de la taille de la Terre. Une petite cuiller de naine blanche pèse au moins une tonne !

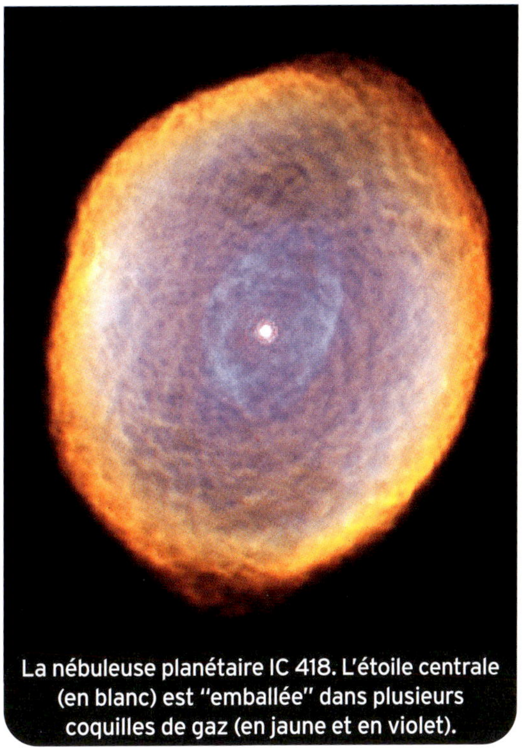

La nébuleuse planétaire IC 418. L'étoile centrale (en blanc) est "emballée" dans plusieurs coquilles de gaz (en jaune et en violet).

NÉBULEUSE PLANÉTAIRE

Pendant quelques milliers d'années, on pourra admirer à l'endroit où était le Soleil, une magnifique nébuleuse planétaire : cette coquille irrégulière sera le reste des gaz crachés par l'étoile agonisante. Mais il n'y aura plus personne sur terre pour contempler le spectacle : toutes les planètes de l'ancien système solaire auront été carbonisées ou vaporisées. Quant à la naine blanche, elle se refroidira doucement, jusqu'à la fin des temps.

... les étoiles massives finissent dans un feu d'artifice : elles explosent en supernovae.

UNE VIE À CENT À L'HEURE

Les étoiles massives sont rares, mais extraordinairement brillantes, des milliers de fois plus brillantes que notre Soleil. Pendant leur courte vie, elles consomment le carburant nucléaire à toute allure : d'abord l'hydrogène, puis l'hélium, puis le carbone et les atomes plus lourds. Mais, quand on arrive au fer, il faut s'arrêter.

En effet, alors que toutes les réactions précédentes produisent de l'énergie, pour la fusion du fer en atomes plus compliqués, il faut en fournir. Or, précisément, de l'énergie, il n'y en a plus !

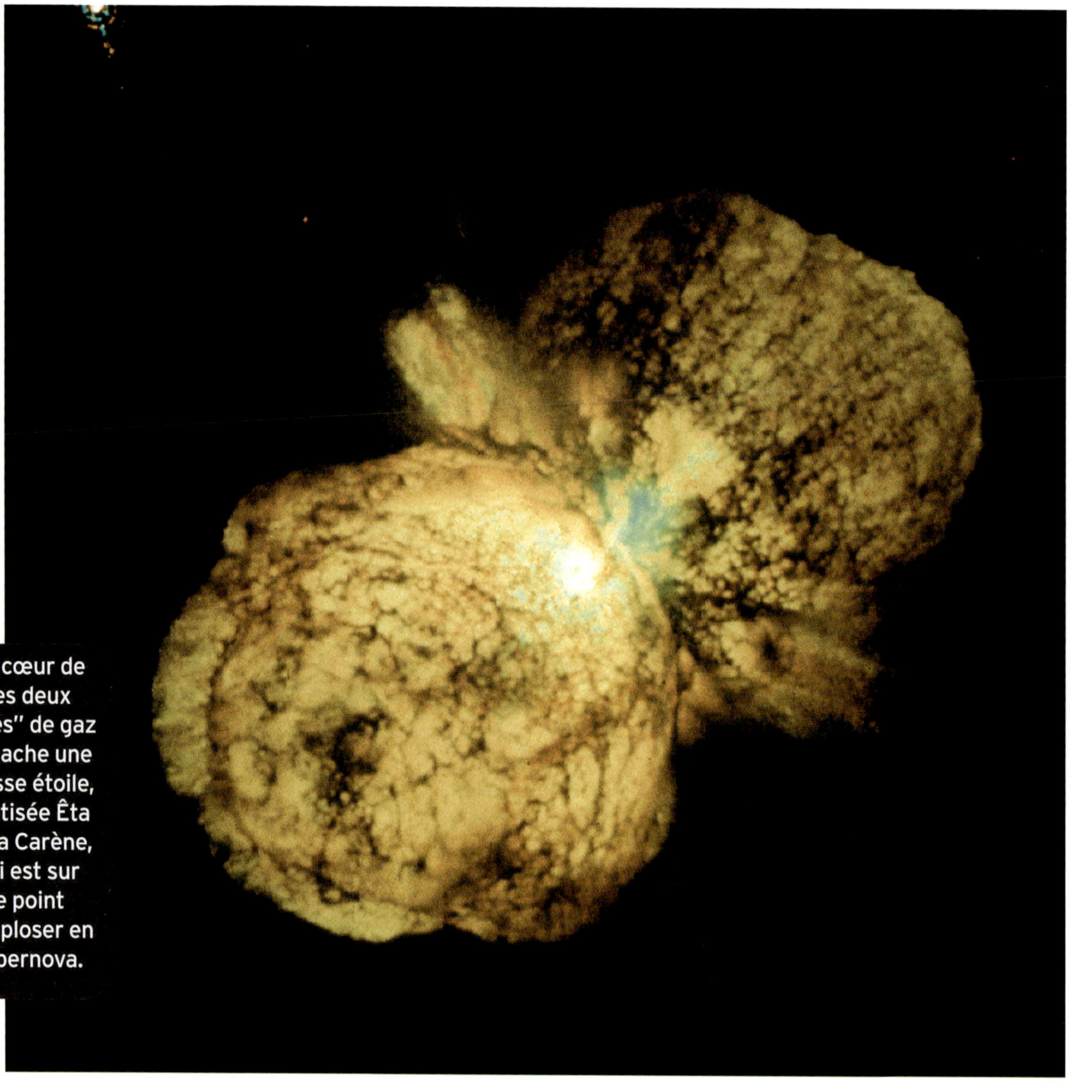

Au cœur de ces deux "ailes" de gaz se cache une grosse étoile, baptisée Êta de la Carène, qui est sur le point d'exploser en supernova.

UNE FIN EXPLOSIVE

Voici notre étoile massive quelques millions d'années après sa naissance : elle a un cœur de fer très dense et chaud, entouré de couches successives de gaz moins chaud fait d'atomes plus simples. La couche extérieure est composée d'hydrogène. Plus de production d'énergie au centre : c'est le drame. L'étoile s'effondre sous l'effet de son poids énorme et les couches extérieures se précipitent sur le cœur de fer.

Ce cœur est très dur et le gaz arrive dessus très rapidement : il ne peut alors se passer qu'une chose, le gaz rebondit sur le cœur de l'étoile et repart à toute allure vers l'extérieur. Une explosion gigantesque se produit alors, que les astronomes appellent "supernova".

L'explosion elle-même ne dure que quelques minutes. Pour une fois que les astronomes ne parlent pas en milliards d'années ! Et pendant ces quelques minutes, presque toute l'étoile déchiquetée est vaporisée dans l'espace intersidéral. Mine de rien, cet événement rare (il y a deux ou trois explosions de supernovae par siècle dans notre Galaxie) est très important. Les étoiles comme le Soleil, en mourant, envoient dans l'espace des atomes comme le carbone. Mais, aux supernovae, nous devons l'oxygène, le calcium, le fer, l'or, l'uranium, et bien d'autres choses encore !

NAISSANCE D'UN TROU NOIR

Que reste-t-il de l'étoile après l'explosion ? Un astre très dense et très petit : suivant les cas, une étoile à neutrons ou un trou noir. Une étoile à neutrons est terriblement dense : une pincée d'étoile à neutrons pèse autant qu'un superpétrolier !

Le trou noir est encore plus difficile à imaginer : il a quelques kilomètres de diamètre, mais il est si dense que tout ce qui passe à portée est inévitablement aspiré et que rien ne peut en sortir, même pas la lumière...

Ces trois nuages de gaz ont été formés par l'explosion de supernovae.

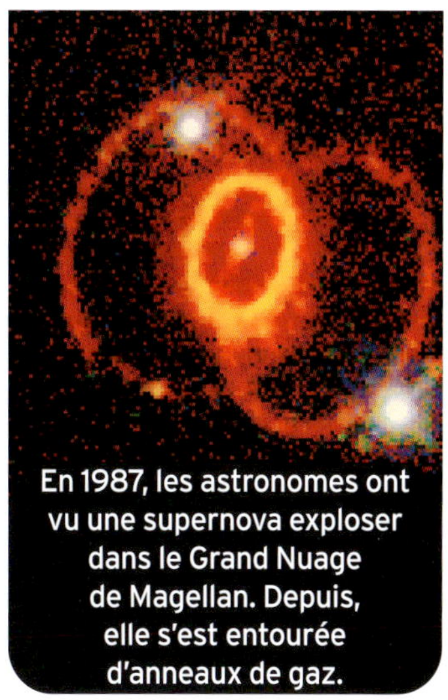

En 1987, les astronomes ont vu une supernova exploser dans le Grand Nuage de Magellan. Depuis, elle s'est entourée d'anneaux de gaz.

LES NÉBULEUSES

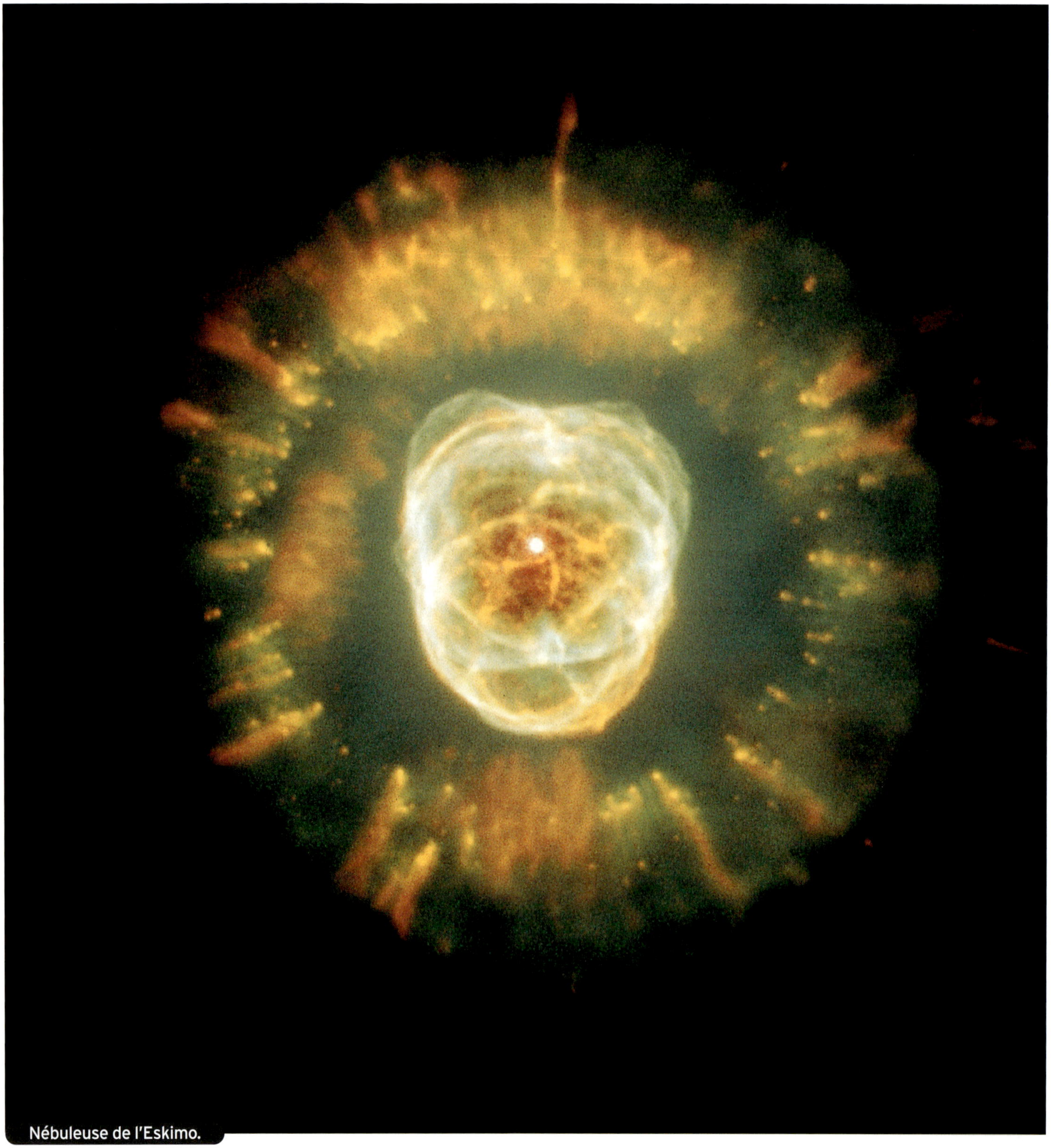

Nébuleuse de l'Eskimo.

UN PEU PARTOUT DANS LA VOIE LACTÉE flottent d'immenses nuages de gaz et de poussières. Ce sont les "nébuleuses" et, comme les êtres humains, il n'y en a pas deux semblables ! Certaines sont des berceaux où naissent les étoiles. D'autres, au contraire, signalent qu'une étoile est morte. Mais toutes nous font un festival de couleurs et de formes bizarres.

LA NÉBULEUSE D'ORION
abrite dans ses langes des foules de bébés étoiles.

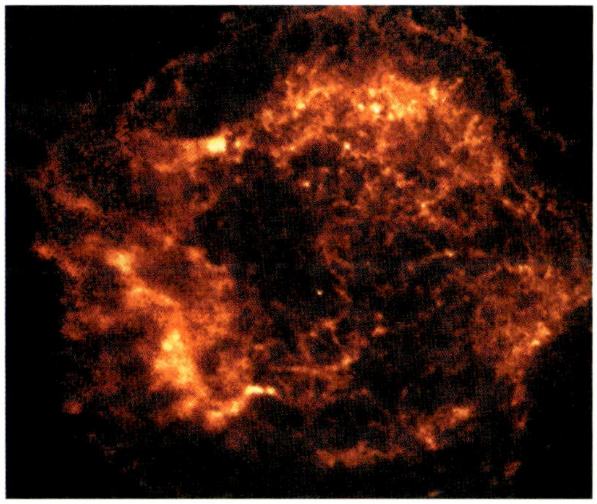

CETTE NÉBULEUSE
est un "reste de supernova". Elle est née de la mort violente d'une étoile, qui a explosé il y a très longtemps, à 10 000 années-lumière de nous.

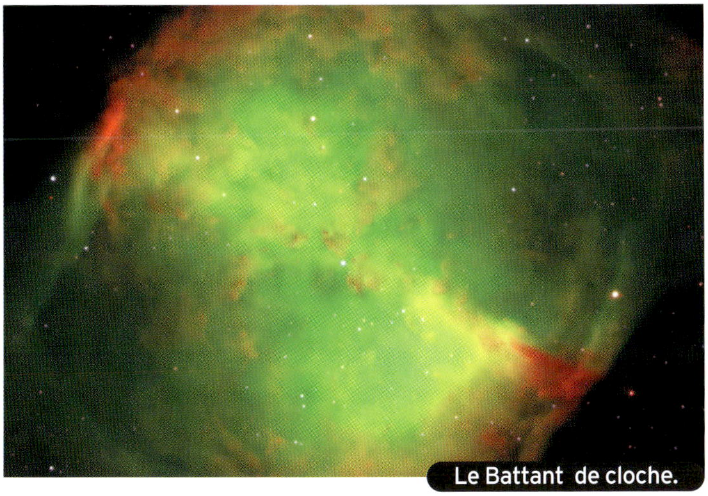

Le Battant de cloche.

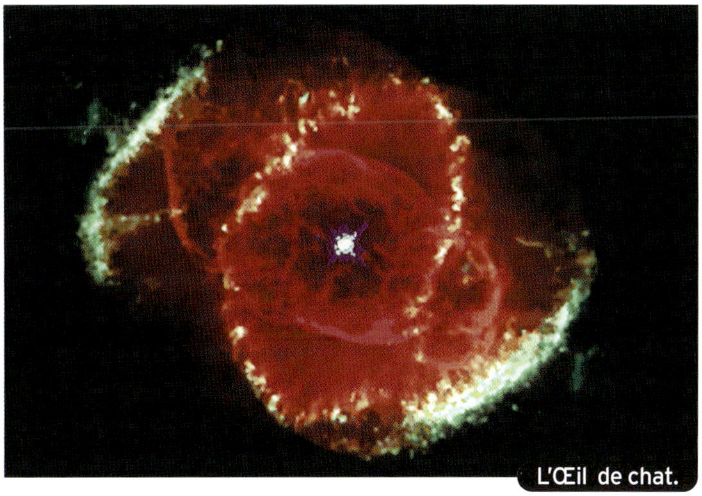

L'Œil de chat.

NÉBULEUSES PLANÉTAIRES
Quand une étoile comme le Soleil arrive à la fin de sa vie, elle s'essouffle et souffle, pour se débarrasser d'une partie de son gaz. Les nébuleuses du Battant de cloche, de l'Œil de chat et de l'Eskimo sont nées comme ça. On les appelle des "nébuleuses planétaires".

SIMPLEMENT ÉCLAIRÉ PAR DES ÉTOILES VOISINES,
ce grand nuage a un petit air de ressemblance avec... avec... Allez, un indice : on l'appelle la nébuleuse Amérique du Nord.

LA NÉBULEUSE DE LA TÊTE DE CHEVAL
contient tellement de poussières que nous ne pouvons pas voir les étoiles qui sont derrière elle. Son drôle de profil lui a valu le nom de nébuleuse de la Tête de cheval — mais "hippocampe" conviendrait mieux !

LES ÉTOILES À PLANÈTES

Le Soleil est-il la seule étoile de l'Univers à être entourée de planètes ? Non. Les astronomes s'en doutaient depuis longtemps, mais maintenant ils en sont sûrs !

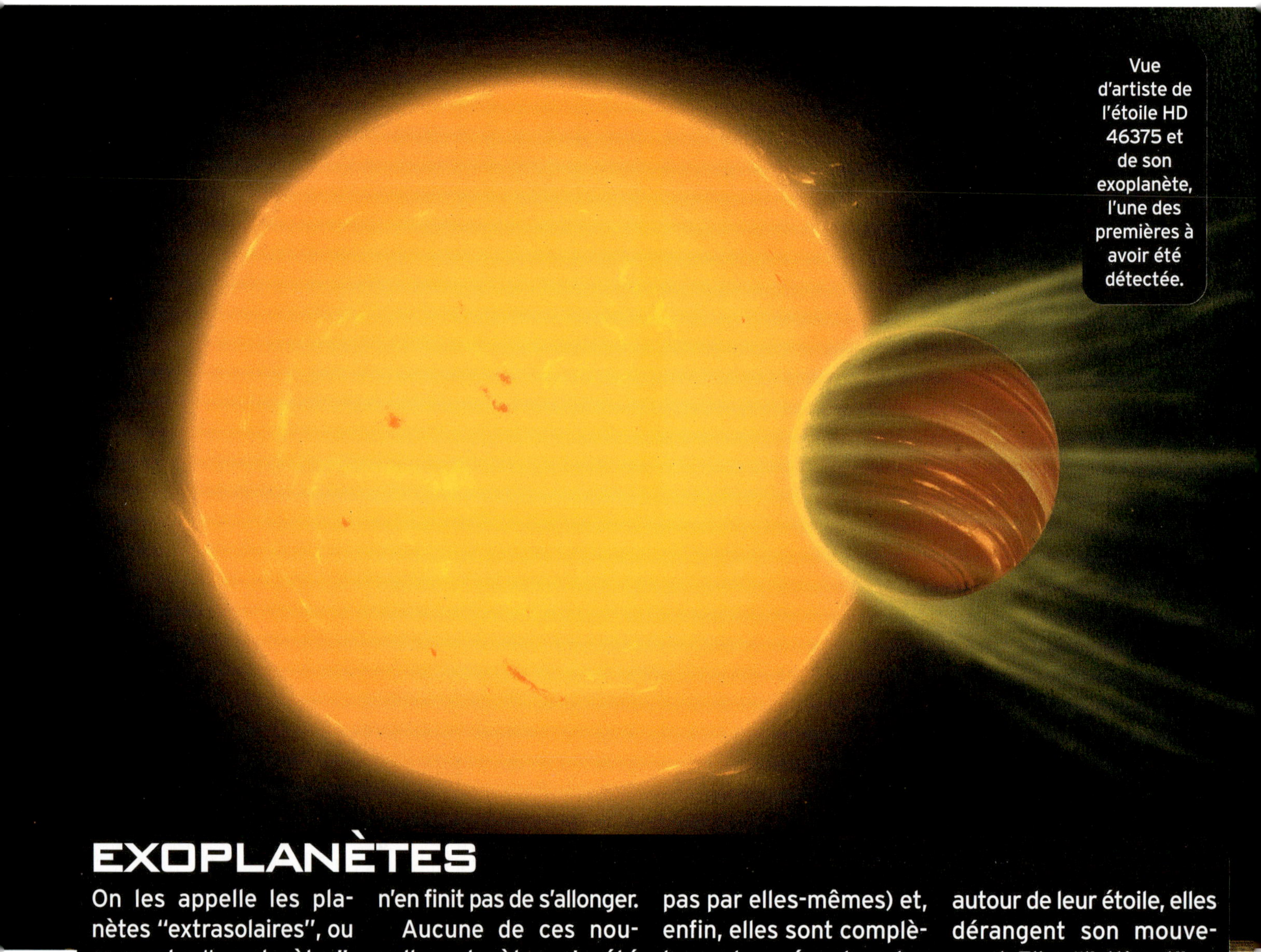

Vue d'artiste de l'étoile HD 46375 et de son exoplanète, l'une des premières à avoir été détectée.

EXOPLANÈTES

On les appelle les planètes "extrasolaires", ou encore les "exoplanètes". Depuis 1995, la liste de ces nouvelles planètes, tournant autour d'une autre étoile que la nôtre, n'en finit pas de s'allonger.

Aucune de ces nouvelles planètes n'a été vue directement. Elles sont trop loin de nous, trop petites, trop discrètes (elles ne brillent pas par elles-mêmes) et, enfin, elles sont complètement noyées dans les feux de leur étoile.

Mais les astronomes savent qu'elles existent parce que, en tournant autour de leur étoile, elles dérangent son mouvement. Elles "l'attirent" un peu d'un côté puis de l'autre. Ce très léger tiraillement fait varier la lumière de l'étoile.

COLLÉES À LEUR ÉTOILE

À quoi ressemblent ces lointaines cousines de la Terre ? En fait, elles rappellent beaucoup Jupiter. Elles sont grosses, de la taille de nos planètes géantes, ou plus grosses encore. Cela ne veut pas dire que de plus petites planètes, de la taille de la Terre, n'existent pas. Mais, plus la planète est petite, moins elle perturbe son étoile, et moins elle a de chances d'être détectée. Ensuite, beaucoup de ces nouvelles venues sont très proches de leur étoile. Si proches qu'elles sont pour ainsi dire collées à elle : la toute première exoplanète détectée est six fois plus proche de son étoile que Mercure ne l'est du Soleil. Ce n'est pas du tout ce que l'on observe dans notre système solaire, où les planètes géantes sont plutôt très éloignées du Soleil… Les astronomes nagent en plein mystère.

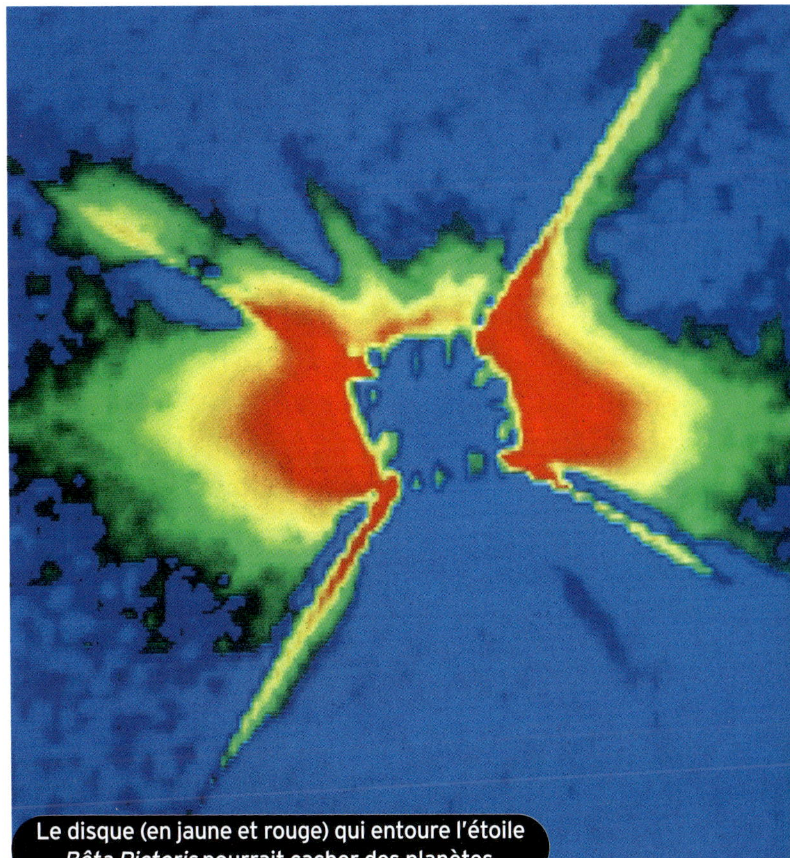

Le disque (en jaune et rouge) qui entoure l'étoile *Bêta Pictoris* pourrait cacher des planètes.

En chiffres

La première planète extrasolaire a été découverte le 6 juillet 1995. Elle tourne en **4** jours autour d'une étoile qui ressemble beaucoup au Soleil, mais porte un nom un peu barbare : **51** Pegasi. Depuis 1995, plus de **60** autres planètes extrasolaires ont été détectées.

En 1998, des astronomes ont cru tenir la première photo d'une exoplanète (le petit point en bas à gauche du jet). Hélas, c'était une fausse alerte ! Il s'agit d'une étoile.

DES MONDES BRÛLANTS

Ces nouveaux mondes pourraient-ils être habités ? Ne rêvons pas : il y a peu de chance. D'abord, comme Jupiter, Saturne, Uranus et Neptune chez nous, il s'agit sans doute de planètes gazeuses : ce n'est pas le meilleur endroit pour permettre à des formes de vie de s'épanouir. Et puis, blotties comme elles le sont dans les feux de leur étoile, ces planètes doivent être de vraies fournaises ! Quelle vie étrange pourrait résister à leur atmosphère surchauffée ?

Les astres dans l'art

Le ciel des artistes est parfois bien différent de celui des astronomes.

Peinture sur parchemin représentant le Soleil, sauveur du monde. Rouleau éthiopien des XVIIIe-XIXe siècles.

Et fixe les cheveux d'une étoile, Joan Miró (v. 1935).

La Nuit étoilée, Arles, Vincent Van Gogh (1888).

Dans ce tableau peint par Van Gogh en septembre 1888, les étoiles brillent d'un éclat insoutenable et ont l'air de danser… Mais Van Gogh a bel et bien peint ce qu'il voyait dans le ciel cette nuit-là, vers neuf heures du soir. On y voit clairement la Grande Ourse. Et si les étoiles scintillent bizarrement, c'est peut-être qu'il y avait du mistral ?

Paysage avec la chute d'Icare, Pieter Bruegel (v. 1555).

Messages vers les étoiles

Y a-t-il quelqu'un dans l'immensité cosmique ? Pour le savoir, les astronomes ont tenté leur chance et envoyé des messages, comme des bouteilles à la mer.

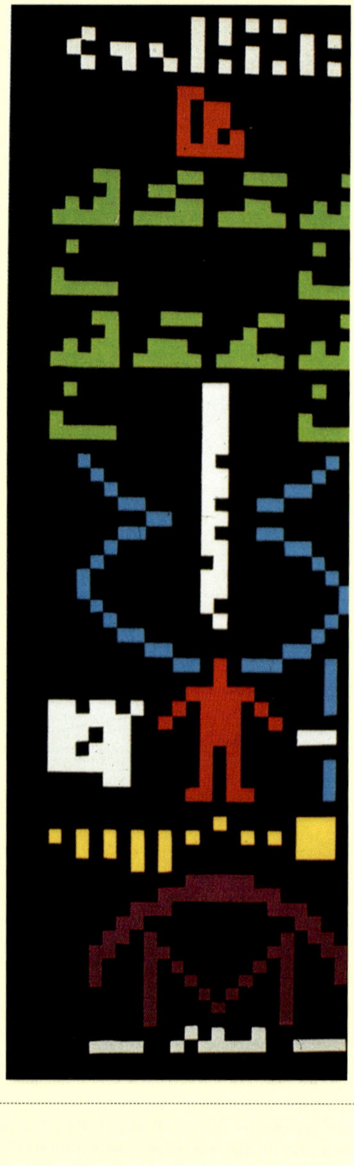

Hercule, réponds-nous !

Trop grosses, trop chaudes... Il est peu probable que les planètes détectées récemment autour d'autres étoiles que le Soleil abritent de la vie, et encore moins une civilisation comme la nôtre, avec sa technologie moderne. Mais les astronomes n'ont pas attendu la découverte de ces nouvelles planètes pour avoir envie de signaler notre présence à d'éventuels extraterrestres. Certains choisirent d'envoyer le seul message qui circule dans le vide de l'espace : la lumière. Et pas n'importe laquelle : des ondes radio. Mais comment avoir une chance de "contacter" des planètes que l'on ne voit pas (n'oublions pas que nous sommes encore incapables de voir des planètes autres que celles du système solaire) ? Seule solution : viser des étoiles, en espérant qu'il y a des planètes autour. En 1974, pour la première fois dans l'histoire de l'humanité, un message radio codé est ainsi parti en direction des étoiles de l'amas globulaire d'Hercule. Mais il y a un tout petit problème : ce gros amas, riche de centaines de milliers d'étoiles, se trouve à 24 000 années-lumière de nous. Le message va forcément mettre 24 000 ans pour arriver jusque là-bas. Et la réponse mettra forcément autant d'années-lumière à revenir, tout ça sans compter le temps qui aura été nécessaire avant pour capter le message, le comprendre et y répondre. Bref, la réponse, si réponse il y a, n'arrivera pas sur la terre avant... l'an 49974 !

L'observatoire d'Arecibo (à droite) d'où a été envoyé le message (à gauche) destiné aux extra-terrestres.

Vacarme radio dans l'espace

Les terriens envoient tous les jours sans le savoir des messages qui vont leur petit bonhomme de chemin. Depuis les années 1920, toutes les émissions radiophoniques de la planète Terre forment un joyeux brouhaha qui progresse dans l'espace intersidéral. Les premières ondes radio ont déjà voyagé 80 ans, et ont donc parcouru 80 années-lumière. Qui sait si des extraterrestres ne les ont pas captées ? Il faut juste qu'ils existent et qu'ils soient sur la bonne fréquence !

Drôles de télégrammes

D'autres astronomes ont tenté leur chance un peu plus à l'aveuglette. Ainsi, en 1972 et 1973, deux sondes américaines, baptisées Pioneer 10 et 11, partirent étudier les deux plus grosses planètes du système solaire : Jupiter pour Pioneer 10 et Saturne pour Pioneer 11. Toutes deux embarquaient aussi un drôle de "télégramme" à l'attention des extraterrestres : une plaque de métal doré où étaient gravés, entre autres, les silhouettes d'un homme et d'une femme, ainsi que le plan du système solaire. En 1977, ce fut au tour des deux sondes Voyager 1 et 2 de partir explorer le royaume des planètes géantes avec, à leur bord, deux disques de cuivre comportant sons et images de notre monde. Aujourd'hui, les quatre sondes viennent à peine de sortir du système solaire (elles voyagent beaucoup plus lentement que la lumière) et aucune n'a encore rencontré d'étoile sur son chemin.

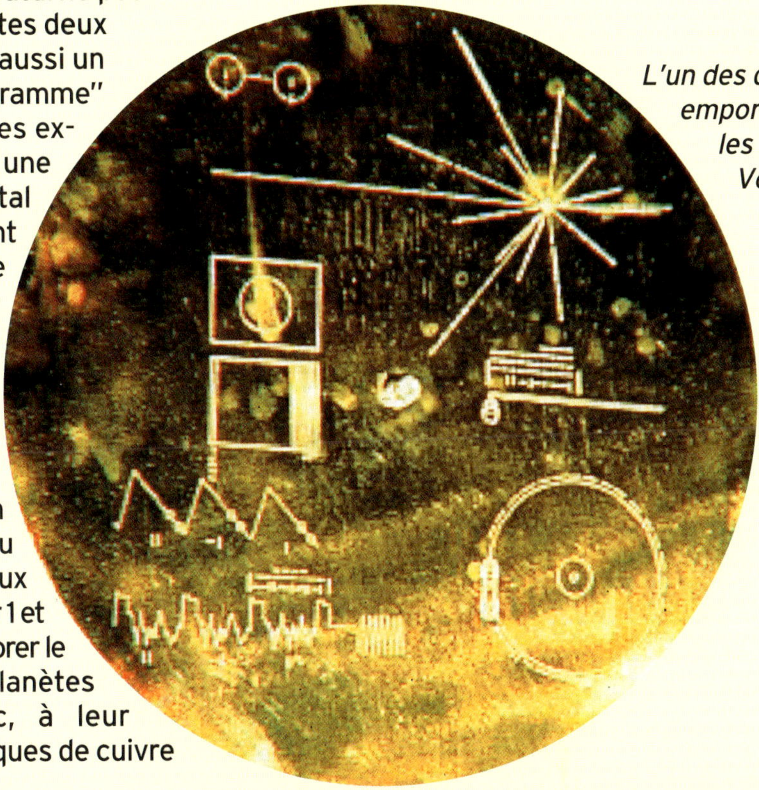

L'un des disques emportés par les sondes Voyager.

La sonde Voyager 2.

Sirius et la canicule

Le mot "canicule" désigne les fortes chaleurs qui nous tombent dessus au beau milieu de l'été. Mais d'où vient ce mot ?
D'une étoile, et pas n'importe laquelle : Sirius, la plus brillante du ciel nocturne. L'étoile Sirius appartient à la constellation du Grand Chien. Les Romains de l'Antiquité l'appelaient *Canicula*, ce qui veut dire "Petite Chienne".

Or les Romains, comme d'autres peuples avant eux, notamment les Égyptiens, avaient remarqué que, l'été, cette étoile si brillante était invisible, car elle était dans le ciel pendant la journée, aux côtés du Soleil. Ils pensaient qu'elle ajoutait alors sa chaleur à celle du Soleil pour faire monter la température et nous donner des étés brûlants. Ce n'est évidemment pas aussi simple que ça, mais le résultat est là : l'étoile *Canicula* a donné naissance à notre canicule.

Du fer dans le Soleil ?

Il y a du fer dans le Soleil. Et de l'or, de l'argent, du calcium. Mais que font là tous ces atomes, puisque le Soleil ne sait rien fabriquer de plus compliqué que l'hélium ? Tout cela remonte à bien avant la naissance du Soleil. Il était une fois, dans l'espace intersidéral, une grosse étoile, qui mijotait dans son four nucléaire des atomes de plus en plus compliqués, tant et si bien qu'un jour elle manqua de carburant et explosa en supernova. Or passait par là un nuage de gaz. Secoué par l'explosion, le nuage tout saupoudré de fer, d'or, de calcium et autres, donna naissance à de nouvelles étoiles. Et l'une de ces étoiles était le Soleil !

Trous noirs, trous de vers...

Ah, si on pouvait revenir en arrière dans le temps, ce serait pratique. Mais pour l'instant, les voyages dans le temps ne sont pas encore tout à fait au point. D'après les scientifiques, le moyen le plus simple serait de passer par un trou noir. Mais attention ! Il faut éviter le centre du trou noir, un endroit difficile à imaginer mais qui semble fort dangereux : en ce point, le temps, l'espace, la matière, l'énergie, tout cela n'existe plus. Si le voyageur réussit à contourner cet obstacle, il pourrait, paraît-il, ressortir du trou noir avant le moment où il y est entré ! À condition d'avoir survécu à la traversée. Car quand le voyageur approche du trou noir, la force de gravité l'attire très fort. Résultat, notre voyageur s'étire, s'étire comme un spaghetti, ce qui ne doit pas être très bon pour la santé ! Pour ne pas finir en spaghetti, on nous annonce qu'il existe une autre solution : les "trous de ver" : une sorte de raccourci entre des régions de notre univers très éloignées l'une de l'autre. On pourrait ainsi se promener dans le temps à sa guise, à condition de trouver un moyen d'empêcher qu'il se referme instantanément. Le voyage dans le temps n'est donc pas encore tout à fait au point. C'est dommage, car il pourrait être amusant de rencontrer son arrière-arrière-arrière-arrière grand-père !

GALA

SOMMAIRE

LES
XIES

*Où l'on retrouve la Voie lactée,
et bien d'autres galaxies encore...
Avec elles, partons jusqu'au bout de
l'Univers, de l'espace et du temps.*

148.
Le big-bang

150.
Quand
les étoiles
s'éteindront
une à une

COLLISIONS COSMIQUES

Quand les galaxies vivent au sein d'un amas, il arrive parfois ce qui doit arriver : elles finissent par se rencontrer, s'entrechoquer et même s'enchevêtrer !

Le choc des titans : deux belles spirales se préparent au carambolage.

QUAND DEUX GALAXIES SE RENCONTRENT

Les collisions entre galaxies au sein d'un même amas sont beaucoup moins rares qu'on ne le pense. En menant leur enquête, un peu partout dans l'Univers, les astronomes ont trouvé des preuves de ces "télescopages". Car ces rencontres entre mastodontes laissent forcément des traces ! Certaines galaxies en ressortent légèrement estropiées, d'autres deviennent carrément méconnaissables. Parfois, les deux galaxies fusionnent et n'en forment plus qu'une. Parfois encore, l'une des deux "avale" l'autre, et se retrouve avec deux cœurs brillants au lieu d'un : dans le monde cruel des galaxies, tout est permis !

FEU D'ARTIFICE D'ÉTOILES

Voici par exemple deux galaxies spirales qui s'approchent dangereusement l'une de l'autre. Que va-t-il se passer exactement ?

Leurs étoiles respectives n'ont pas grand risque de se cogner : il y a suffisamment d'espace entre elles pour qu'elles se croisent sans aucun dommage. En revanche, les disques des deux galaxies vont subir la collision, et se retrouver tout déformés, comme des roues de bicyclette voilées.

Quant au gaz présent dans les deux disques, il va être complètement comprimé. Déjà, en temps normal, quand le gaz d'une galaxie spirale est comprimé, cela fait naître des étoiles. Mais, quand deux galaxies se tamponnent de plein fouet, cela déclenche de vrais feux d'artifice, comme des rafales de nouvelles étoiles !

La collision entre une petite et une grande galaxie a donné naissance à cette "roue de Chariot".

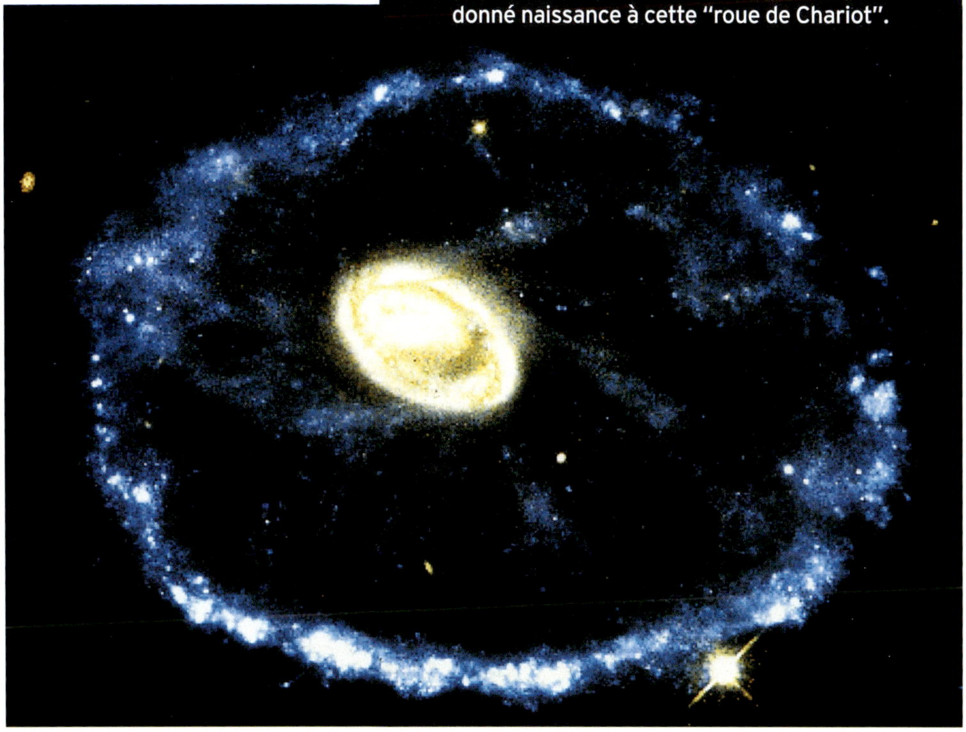

LES ANTENNES : DEUX GALAXIES EN UNE

À plus de 60 millions d'années-lumière de notre Galaxie, deux galaxies dansent un drôle de ballet. Elles sont en pleine collision et ne ressemblent plus vraiment à des galaxies ordinaires. On les a surnommées "les Antennes", à cause des traînées de gaz et d'étoiles qui les relient et qui rappellent les longues antennes d'un insecte. Les deux galaxies sont parsemées de poches bleues : ce sont des régions où, à la suite de la collision, sont nées et naissent des étoiles. Leurs cœurs sont aussi visibles : ce sont les deux taches de couleur orangée.

Fusion entre deux galaxies.

Les Antennes.

LE MYSTÈRE DES ELLIPTIQUES GÉANTES

En plein milieu des gros amas de galaxies comme celui de la Vierge ou de Coma, trônent des monstres : des galaxies elliptiques géantes qui peuvent contenir jusqu'à 10 000 milliards d'étoiles ! Curieusement, il n'y a pas de galaxies spirales dans leurs parages, comme si elles avaient fait le vide autour d'elles. Les astronomes ont longtemps été intrigués par ces galaxies monstrueuses. D'où venaient-elles et pourquoi les trouvait-on pile au centre des amas ? Aujourd'hui, ils pensent qu'elles sont le résultat de fusions entre galaxies. En clair, elles ont avalé toutes les petites compagnes qui ont eu le malheur de passer à leur portée (c'est pourquoi on les appelle parfois les "galaxies cannibales"). Et plus elles en ont ingurgité, plus elles ont grossi !

QUASARS : LES MONSTRES DE L'UNIVERS

Même vus à travers un très gros télescope, les quasars ressemblent à de discrètes étoiles. Mais attention, ils cachent bien leur jeu !

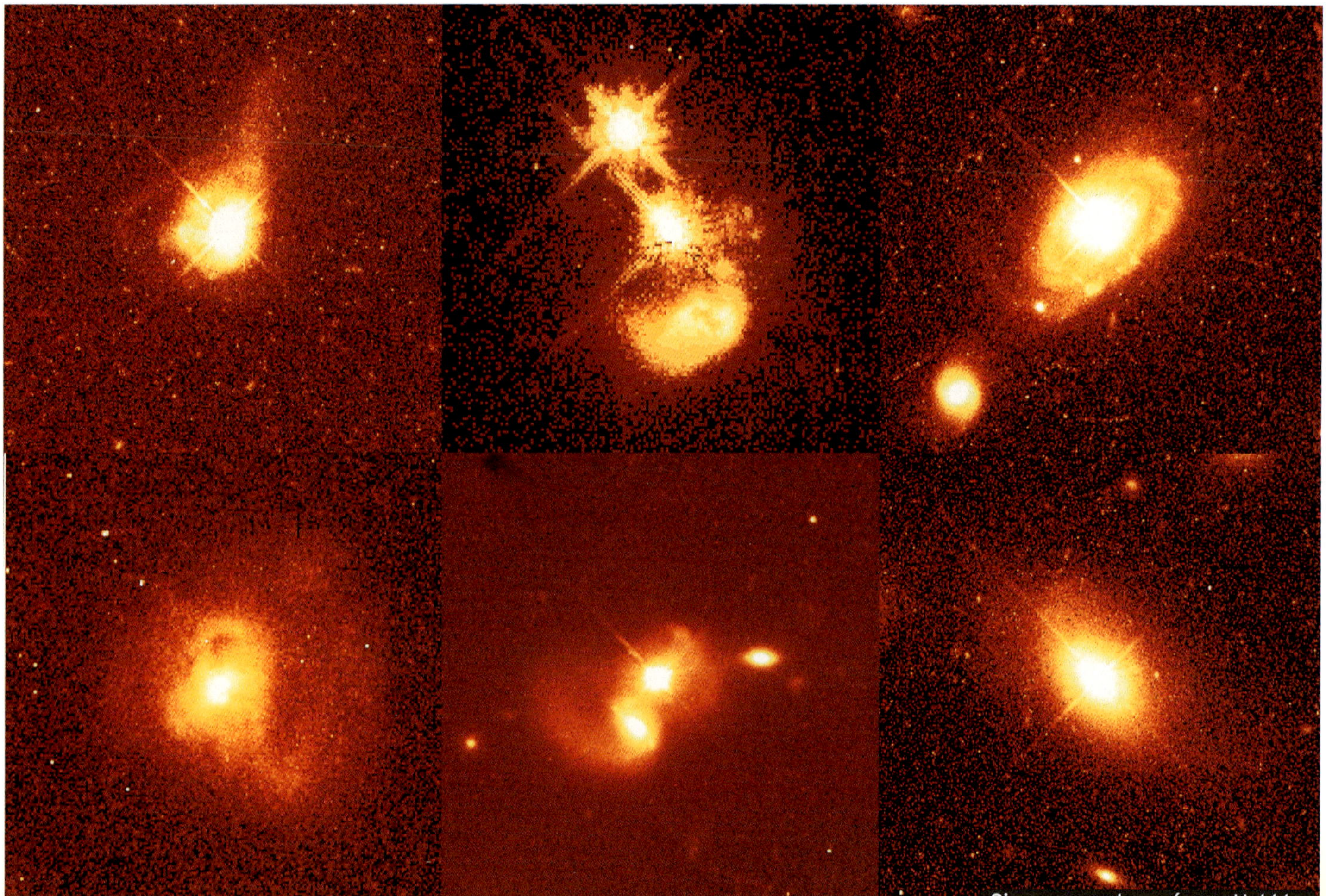

Six quasars observés par Hubble.

Une énigme pour les astronomes

"QU'EST-CE QUI EST À PEINE GRAND COMME LE SYSTÈME SOLAIRE ET QUI BRILLE AUTANT QUE DES CENTAINES DE GALAXIES RÉUNIES ?" En 1960, les astronomes auraient répondu : "Rien, absolument rien !" Pourtant, trois ans plus tard, en 1963, furent découverts les objets les plus étranges de l'Univers. Dans un gros télescope, ces "quasars" ressemblaient à des étoiles un peu particulières. Mais on s'aperçut qu'il s'agissait d'objets plus lointains que toutes les galaxies connues à l'époque. Si lointains que, pour être détectés à de telles distances, il fallait qu'ils soient les plus lumineux de tout l'Univers !

TORRENTS DE LUMIÈRE

Les quasars sont les astres les plus éblouissants que l'on connaisse : ils crachent en permanence des torrents de lumière (y compris des ondes radio et des rayons X), qui les font briller des centaines de fois plus que notre galaxie. On sait aussi qu'ils ne dépassent pas une année-lumière de diamètre (ce qui est tout petit comparé aux 100 000 années-lumière de diamètre d'une galaxie comme la nôtre). Alors, que sont-ils exactement et comment font-ils

La galaxie du Compas.

donc pour briller autant ? Pour les astronomes d'aujourd'hui, les quasars sont en fait d'énormes trous noirs cachés au cœur de galaxies très lointaines (qui sont, elles, presque invisibles). La masse de ces trous noirs-là peut dépasser des dizaines de millions de fois celle du Soleil !

TROUS NOIRS ENDORMIS

Y a-t-il des quasars près de chez nous ? Non. Pour en trouver, il faut aller assez loin dans l'Univers. En revanche, il existe sûrement des trous noirs géants au cœur de beaucoup de galaxies, dont la nôtre, la Voie lactée. Les astronomes se demandent même si la différence entre les trous noirs des quasars et ceux des galaxies "normales" ne tient pas à leur degré de sommeil.

Vue imaginaire d'un trou noir géant.

Les trous noirs des quasars seraient tout à fait réveillés car ils "s'alimentent" en permanence en avalant du gaz et des étoiles. Les plus proches de nous seraient endormis car ils n'auraient plus trop de gaz et d'étoiles.

DÉVOREURS DE MATIÈRE

Mais on dit toujours que les trous noirs sont de grands dévoreurs de matière et que tout ce qui tombe dedans n'a aucune chance de s'échapper… Alors, comment ceux des quasars feraient-ils pour émettre de la lumière ? C'est simple : le trou noir attire à lui le gaz et les étoiles qui passent à sa portée. Toute cette matière tourbillonne à une vitesse folle, et d'autant plus vite qu'elle se rapproche du monstre. En tournoyant ainsi, elle s'échauffe énormément et libère des flots de lumière. C'est cette matière qui brille intensément avant de disparaître dans le gouffre sans fond du trou noir.

Les galaxies au cœur très brillant (comme celle-ci ou la galaxie du Compas, en haut à gauche) cachent sûrement des trous noirs géants pas du tout endormis.

LES GALAXIES DU BOUT DU MONDE

Des galaxies lointaines vues par le télescope européen VLT.

TABLEAU ABSTRAIT ? PETITS ORGANISMES VIVANTS QUI S'AGITENT SOUS UNE LAMELLE DE MICROSCOPE ?

Non, bien sûr ! Ces "tapisseries cosmiques" sont des photographies prises par deux supertélescopes : le VLT (photo de gauche), un grand télescope européen installé sur les hauteurs du mont Paranal, au Chili, et le télescope spatial Hubble (photo de droite), qui est en orbite autour de la Terre. Sur la seconde, on distingue deux points brillants d'où partent des sortes de plumets : ce sont des étoiles proches que le télescope Hubble a trouvées sur sa ligne de visée.

Des galaxies lointaines vues par le télescope spatial Hubble.

Mais intéressons-nous plutôt aux minuscules points rouges que l'on peut voir un peu partout dans les deux images. À première vue, ils ne ressemblent pas à grand-chose. Pourtant, ce sont tout bonnement les galaxies les plus lointaines connues aujourd'hui ! La lumière de ces galaxies "du bout du monde" a voyagé, pour les plus lointaines d'entre elles, douze milliards d'années avant d'arriver jusqu'à nous. Autrement dit, ces galaxies existaient déjà trois milliards d'années après la naissance de l'Univers. En les contemplant, nous faisons donc un fabuleux voyage, une fantastique plongée même, dans l'espace et dans le temps.

LES GALAXIES

DANS L'UNIVERS QUI GONFLE

La Voie lactée n'a pas l'air très populaire : toutes les galaxies s'éloignent d'elles. Et c'est comme ça depuis le début de l'Univers.

La lumière de ces galaxies a mis des centaines de millions d'années, des milliards d'années dans certains cas, à venir jusqu'à nous.

LES GALAXIES ROUGISSENT

Elles fuient, elles fuient, les galaxies… Eh oui, toutes les galaxies que les astronomes ont pu observer s'éloignent de la Voie lactée. Bizarre, non ? D'ailleurs, comment sait-on que ces galaxies s'éloignent ?

Comme d'habitude, on n'a aucune autre information que celle contenue dans la lumière qu'elles nous envoient. Or on sait depuis les années 1910 – avant même d'avoir acquis la certitude que ces galaxies sont comme la Voie lactée – que cette lumière est décalée vers le rouge. Qu'est-ce que cela veut dire ?

Imaginons une galaxie composée d'étoiles qui ressemblent au Soleil. Sa lumière est plutôt jaune, comme celle du Soleil. Mais, si cette galaxie-là s'éloigne de nous très vite, sa lumière nous semblera plutôt rouge !

LA FUITE À GRANDE VITESSE

Pour comprendre cette étrange histoire, il faut aller au bord d'une autoroute. Écoutons les voitures et les motos roulant à 130 km/h. Quand elles s'approchent de nous, le bruit qu'elles font semble plus aigu ; et quand elles s'éloignent, le son a l'air plus grave. À l'oreille, on peut donc faire la différence entre une voiture qui s'éloigne et une autre qui s'approche. Avec la lumière c'est la même chose : une voiture qui s'éloigne a l'air d'émettre une lumière plus rouge que celle qui s'approche. Sauf qu'il faut des vitesses vraiment très grandes pour que ça se remarque ! Pour les voitures, il est donc difficile de faire la différence, mais pas pour les galaxies qui circulent à des millions de kilomètres-heures.

LA FUITE À L'ENVERS

Si nous filmions la fuite des galaxies ? Regardons donc des galaxies qui se trouvent en ce moment à 60 millions d'années-lumière de nous.

Première image 10 millions d'années plus tard : elles sont maintenant à 70 millions d'années-lumière. Deuxième image dans 20 millions d'années : les voilà encore plus loin, à 80 millions d'années-lumière. Et ainsi de suite, les galaxies s'éloignent et l'Univers gonfle…

Et si on repassait le film à l'envers ? Les galaxies se rapprochent, se rapprochent… jusqu'au moment où elles se retrouvent toutes au même endroit. Ce moment-là, c'est le big bang.

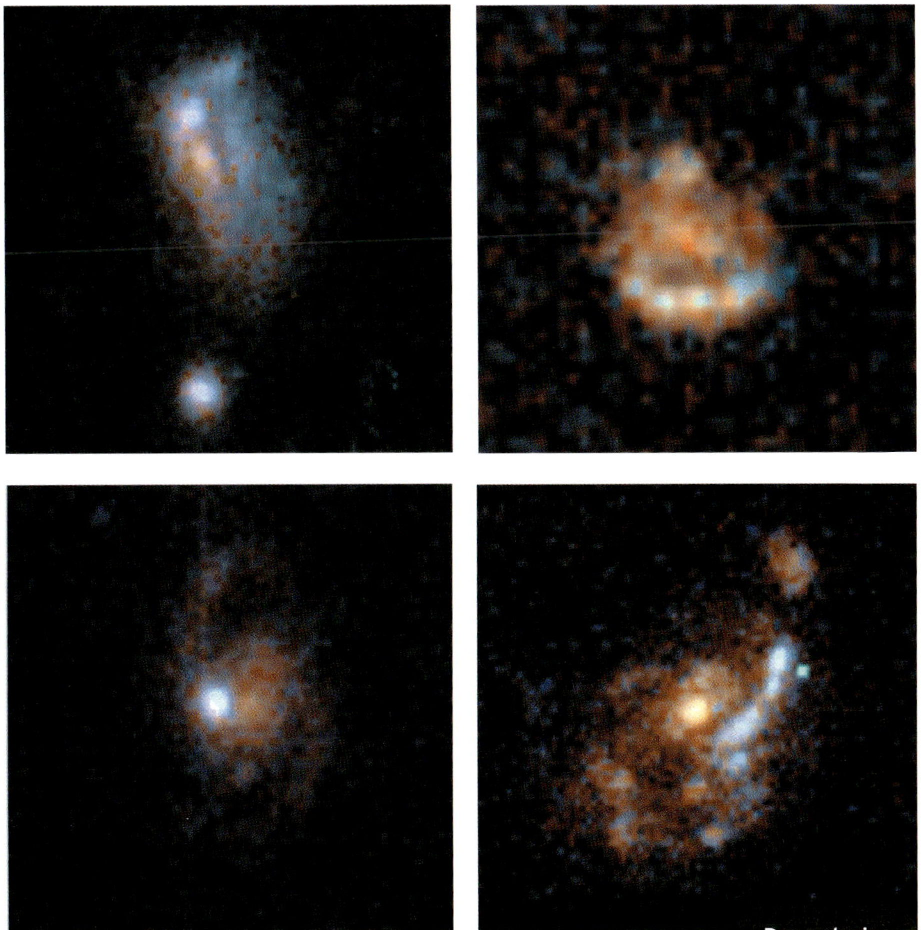

Des galaxies lointaines.

UN UNIVERS QUI GONFLE

Donc, les galaxies s'écartent toutes de la nôtre (bien sûr, il y a quelques exceptions, comme la galaxie d'Andromède, mais les astronomes ne vont pas se laisser impressionner par quelques galaxies sur des milliards !). Qu'est-ce que cela signifie ? C'est un astronome américain, Edwin Hubble, qui a trouvé la clef du mystère à la fin des années 1920 : il a déclaré que toutes les galaxies s'éloignaient les unes des autres, et pas seulement de la nôtre. Une image fera comprendre son idée : imaginons un gâteau avec des pépites de chocolat que l'on cuit au four. Le gâteau gonfle, gonfle : les pépites s'éloignent les unes des autres. La vingt-troisième pépite a l'impression que les autres pépites s'éloignent d'elles, mais la pépite d'à côté a la même impression… Hubble a donc conclu que l'Univers gonflait !

LE BIG BANG

Notre Univers est né il y a quinze milliards d'années, avec le big bang. Mais qu'il faisait chaud à cette époque ! C'est dans cette fournaise que sont nés les premiers atomes.

REMONTONS LE TEMPS

Et si on pouvait embarquer dans une machine à remonter le temps, qu'observerait-on ? On verrait le mouvement des galaxies s'inverser et celles-ci se précipiter les unes sur les autres. Au bout de 15 milliards d'années, nous arriverions à une époque où galaxies, étoiles et planètes n'existaient pas encore, et où toute la matière du monde que nous connaissons tenait dans une minuscule tête d'épingle plus petite qu'un atome. Nous voici aussi près du big bang que nous ne pourrons jamais l'approcher.

DES TEMPÉRATURES ASTRONOMIQUES

Le big bang, c'est le début de l'Univers que nous habitons : un début très, très concentré, et très, très chaud. Attention, les chiffres sont vertigineux, et tout se passe très vite. Juste après ce début, l'Univers se met à gonfler, et sa température à baisser. Très vite, mais après un temps si court qu'il faudrait le multiplier par un million de millions pour faire une seconde, la température est toujours de 10 000 milliards de milliards de milliards de degrés. Trois minutes après, il fait encore un milliard de degrés, 70 fois plus chaud qu'au centre du Soleil !

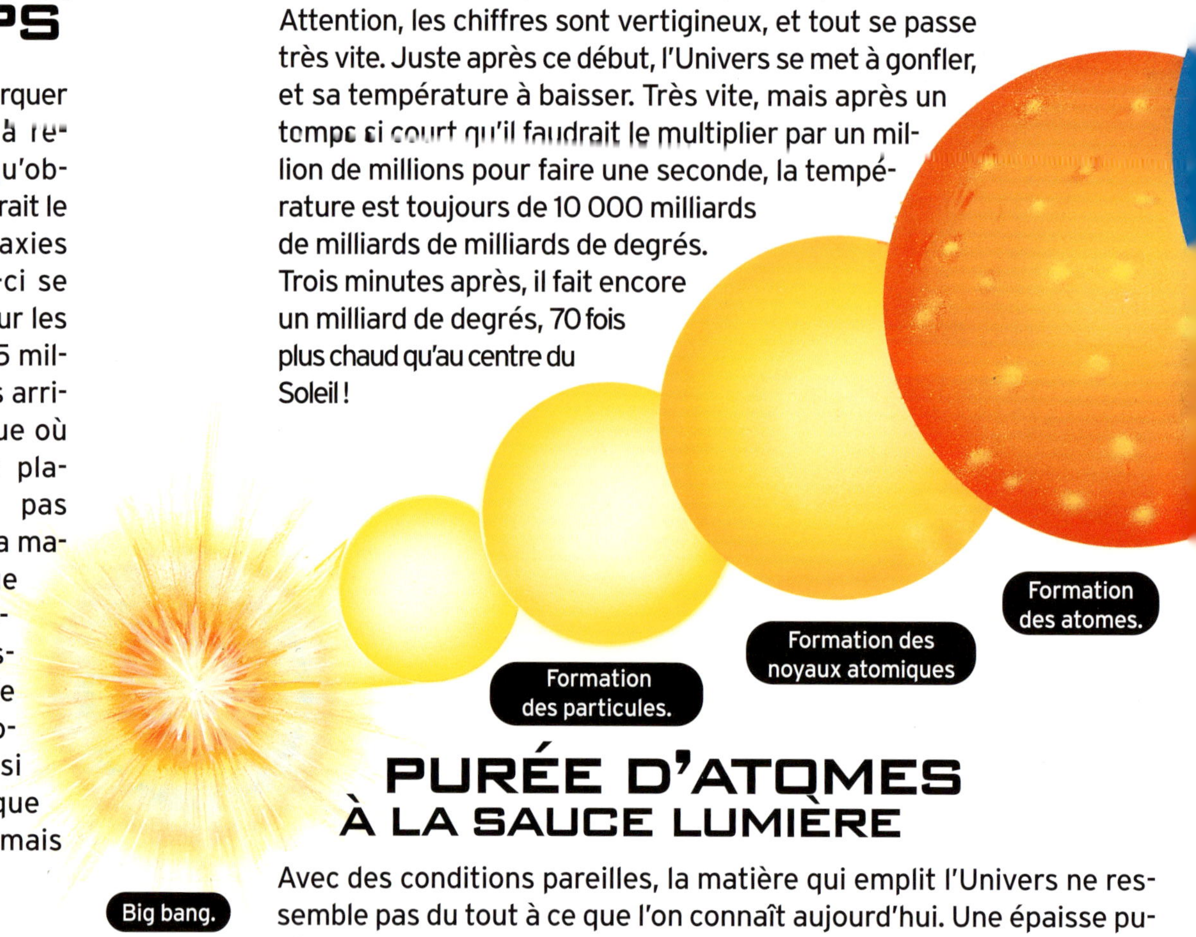

PURÉE D'ATOMES À LA SAUCE LUMIÈRE

Avec des conditions pareilles, la matière qui emplit l'Univers ne ressemble pas du tout à ce que l'on connaît aujourd'hui. Une épaisse purée bouillante contenant tous les ingrédients des atomes actuels coupés en petits morceaux (qu'on appelle des quarks) et puis aussi beaucoup d'énergie sous forme de lumière. Difficile à concevoir, tout ça, mais les physiciens commencent à bien comprendre ce qui s'est passé en ces temps reculés. Il faut attendre trois minutes après le big bang pour que se forme quelque chose que nous reconnaissons : les noyaux des atomes les plus simples, ceux d'hydrogène et d'hélium. Cet hydrogène que les étoiles utilisent comme carburant a entièrement été formé pendant les trois premières minutes de l'Univers.

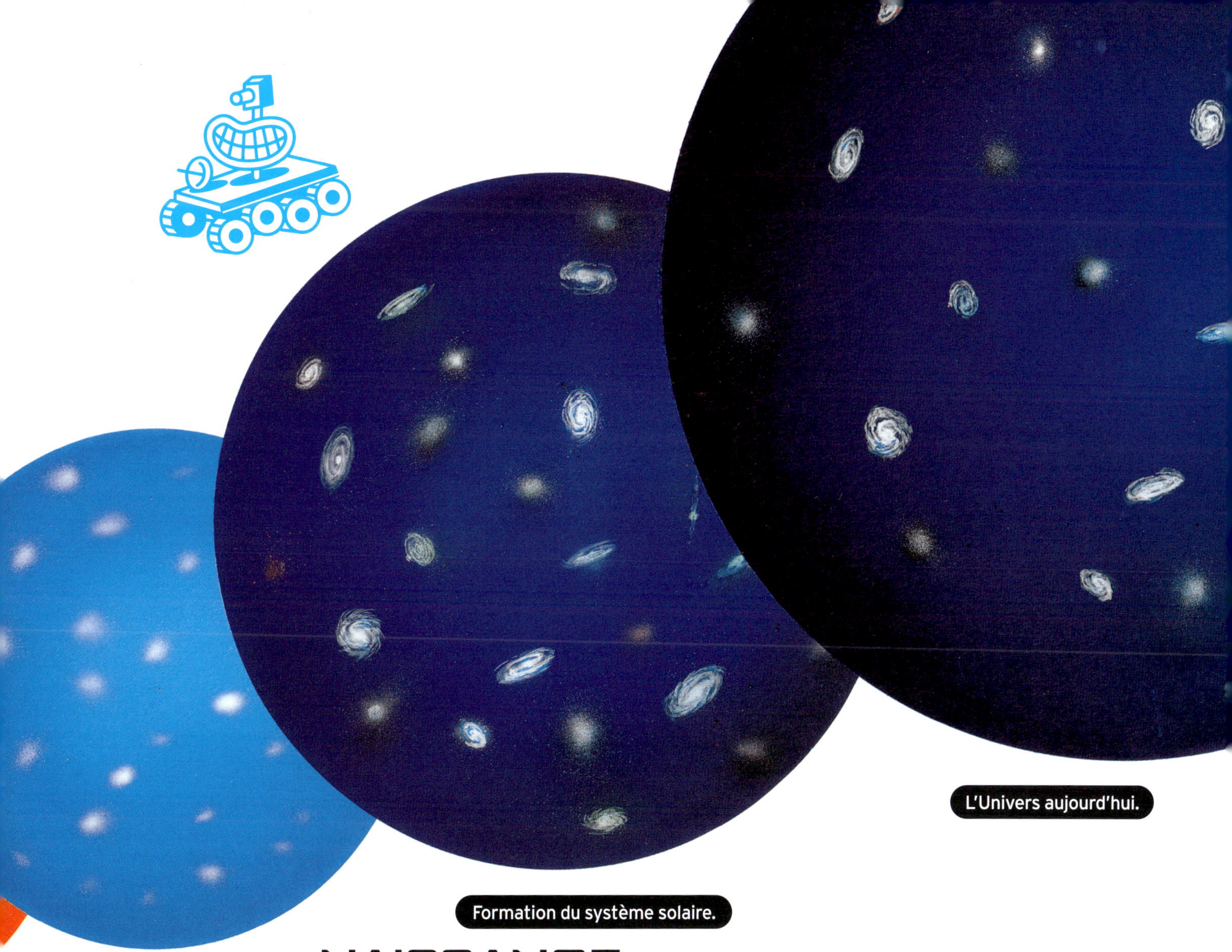

L'Univers aujourd'hui.

Formation du système solaire.

Formation des galaxies.

NAISSANCE
DES ÉTOILES ET DES GALAXIES

Les astronomes qui étudient l'histoire de l'Univers, autrement dit les cosmologistes, sont sûrs de leurs calculs : il se forme trois fois plus d'hydrogène que d'hélium, plus une pincée d'autres atomes. Le reste, tous les atomes plus compliqués, sera fabriqué plus tard par les étoiles. Mais au fait, quand vont-elles enfin naître, ces étoiles ? Beaucoup, beaucoup plus tard, sans doute dans le premier milliard d'années de l'Univers. Et, bizarrement, on connaît bien moins de choses sur ces premières étoiles que sur les premiers instants de l'Univers.

ET AVANT LE BIG BANG ?

On a bien envie de poser la question : que s'est-il passé avant le big bang ? Les cosmologistes refusent d'y répondre : pour eux, on ne peut pas parler d'avant big bang ! Car le temps n'a commencé à exister qu'à partir du big bang : et si le temps n'existe pas, on ne sait pas bien ce que veut dire "avant". En fait, l'espace aussi n'existe que depuis le big bang. Avant le big bang, il n'y avait donc vraiment rien dont on puisse parler...

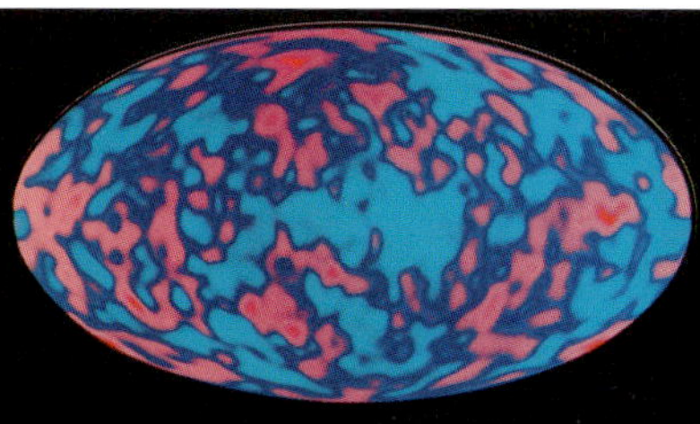

Les structures bleues et roses sont à l'origine des galaxies et des amas de galaxies (image réalisée grâce au satellite COBE).

QUAND LES ÉTOILES S'ÉTEINDRONT UNE À UNE

Attention ! Un jour, viendra la fin du monde. Pas de panique, ce n'est pas pour demain, mais d'ici à quelques milliards de milliards d'années au moins.

À LA RECHERCHE D'UN NOUVEAU SOLEIL

Imaginons que nos arrière-arrière-arrière-petits-enfants échappent aux guerres nucléaires, au réchauffement de la planète, aux chutes de météorites et même aux flammes du Soleil, quand il deviendra géante rouge. Quel avenir les attend ? Après cet épisode de géante rouge, le Soleil s'est transformé en une naine blanche. Il va mettre plusieurs milliards d'années à se refroidir lentement. Pas terrible comme source d'énergie ! Nos lointains descendants auront sûrement fait beaucoup de progrès en technologie ; peut-être, s'ils n'ont pas encore colonisé la Galaxie, seront-ils capables de transformer la Terre en vaisseau spatial pour partir à la recherche d'une nouvelle étoile.

EXPLOITONS LES TROUS NOIRS

Hélas ! bientôt, toutes les étoiles s'éteignent une à une, faute de carburant. De temps en temps, il en naît une nouvelle. Mais, après quelques milliards d'années, il n'y a plus de gaz dans la galaxie pour fabriquer de nouvelles étoiles. Que va devenir notre vaisseau Terre ? Il n'y a plus dans la Voie lactée que des étoiles mortes, des naines blanches, des étoiles à neutrons, des trous noirs. Si on essayait de soutirer de l'énergie de ces trous noirs ? En mettant la Terre en orbite autour d'un trou noir et en y lançant nos déchets sur une sorte de tapis roulant, on peut récupérer un peu d'énergie et gagner encore quelques milliards d'années.

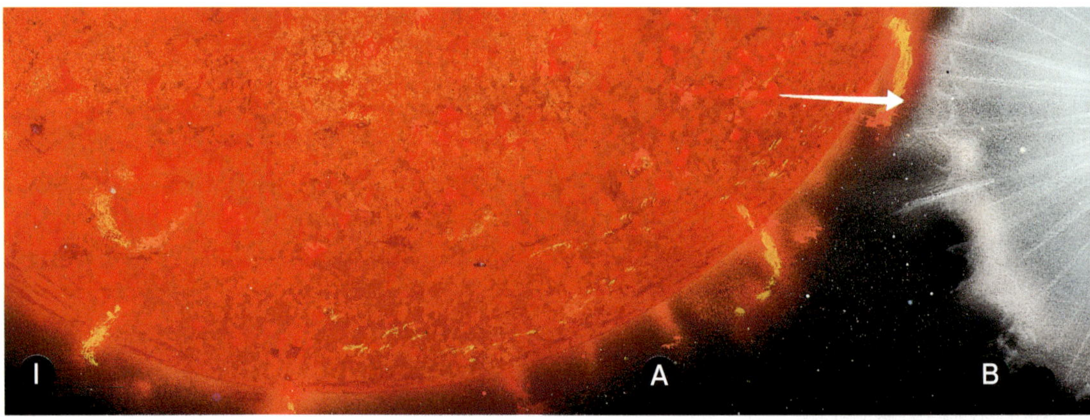

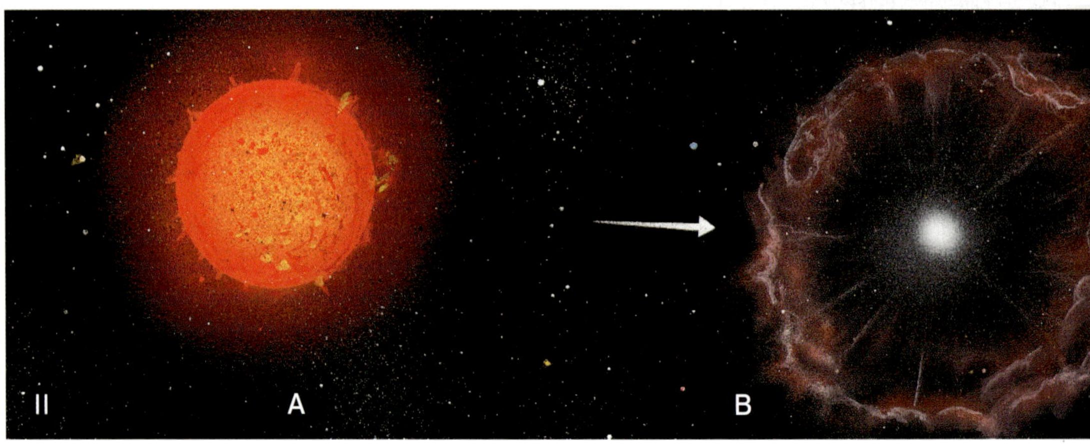

Vue d'artiste d'un trou noir.

EXTINCTION DES FEUX

Et la galaxie d'à côté ? C'est un long voyage, mais peut-être les humains de l'an 12345678 seront-ils devenus immortels ?
En tout cas, pas d'hésitation, ils se lancent. Mais c'est le même spectacle de désolation dans la grande galaxie d'Andromède. Pire, même : le trou noir géant du centre de la galaxie a commencé à avaler toutes les étoiles qui restaient !

UN FROID GLACIAL

Et dans toutes les galaxies que le vaisseau Terre visite, c'est pareil. En plus, il devient difficile de passer d'une galaxie à l'autre. Les distances augmentent inexorablement, l'Univers se dilue de plus en plus, et en même temps il y fait de plus en plus froid. Une terrible crise de l'énergie s'abat sur le cosmos.

Eh oui, cet avenir glacial, c'est celui que nous prédisent les astronomes. Car d'après eux, l'Univers continuera indéfiniment sur sa lancée après le big bang et n'arrêtera jamais de gonfler. La vie dans des milliards de milliards d'années risque de ne pas beaucoup ressembler à la nôtre : il paraît que les dernières sources d'énergie seront fournies par l'évaporation des trous noirs, puis la matière elle-même commencera à se désintégrer et à disparaître. De quoi se demander si c'est une bonne idée de devenir immortel.

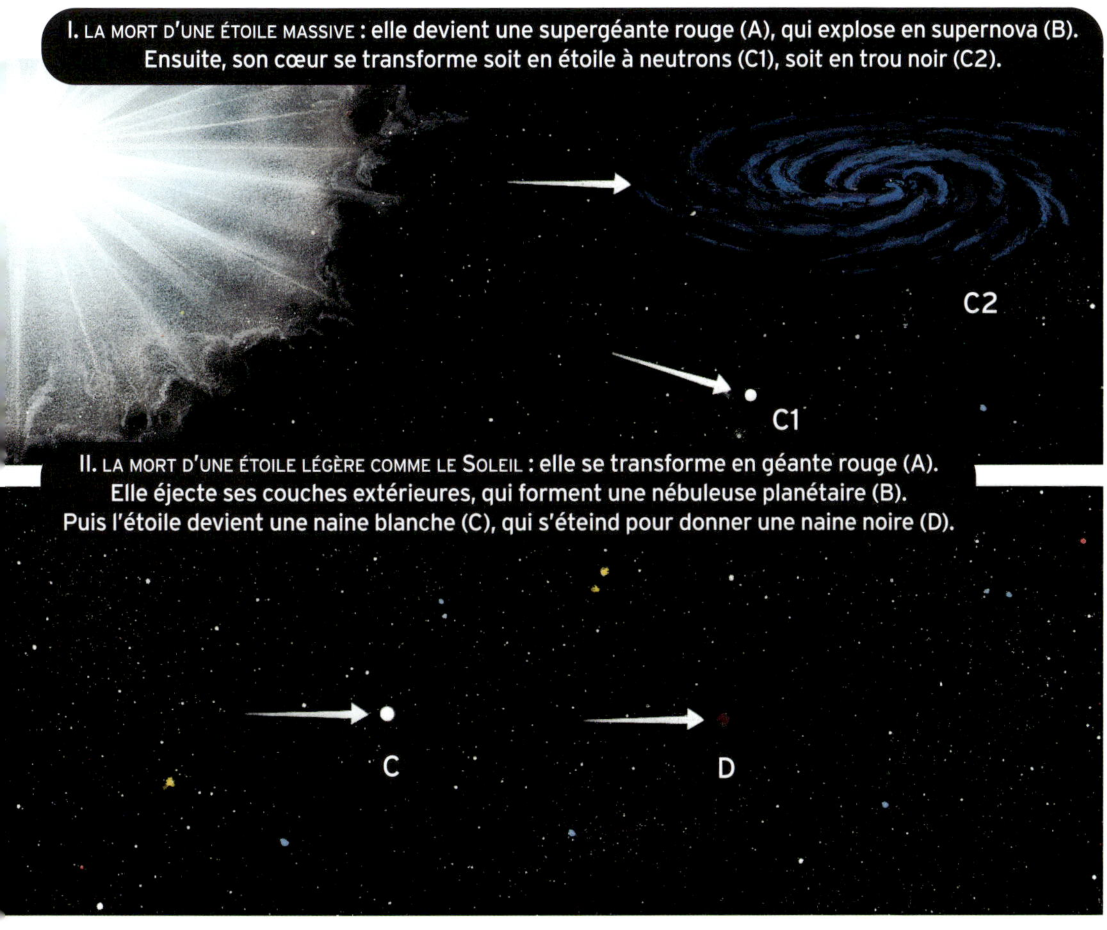

I. La mort d'une étoile massive : elle devient une supergéante rouge (A), qui explose en supernova (B). Ensuite, son cœur se transforme soit en étoile à neutrons (C1), soit en trou noir (C2).

II. La mort d'une étoile légère comme le Soleil : elle se transforme en géante rouge (A). Elle éjecte ses couches extérieures, qui forment une nébuleuse planétaire (B). Puis l'étoile devient une naine blanche (C), qui s'éteind pour donner une naine noire (D).

LE MESSAGER DES ÉTOILES

Le jour où...

Le grand télescope du mont Wilson grâce auquel Edwin Hubble va faire une extraordinaire découverte.

... Hubble découvrit les galaxies

Nous sommes le 9 février 1924, à l'observatoire du mont Wilson, près de Los Angeles, aux États-Unis. L'astronome Edwin Hubble a délaissé le télescope avec lequel il observe le ciel nuit après nuit. Ce jour-là, il écrit à l'un de ses collègues, pour lui faire part de sa nouvelle découverte : "*Vous serez intéressé d'apprendre que j'ai découvert une étoile brillante dans la nébuleuse d'Andromède.*" Ces quelques mots vont changer la face du monde.

L'énigme des nébuleuses spirales

À l'époque, il faut dire que les astronomes nagent en plein mystère : notre Galaxie, la Voie lactée, forme-t-elle tout l'Univers ou bien n'est-elle qu'une galaxie parmi tant d'autres ? Et l'Univers, d'ailleurs, est-il petit ou bien très grand ? En ce début des années 20 (il n'y a donc pas si longtemps !), personne n'en sait rien.

Il y a quand même ces drôles de nébuleuses qui intriguent les astronomes, car elles ne ressemblent à aucun autre nuage de gaz. On dirait qu'elles ont une forme spirale – pour les différencier des autres, on les a d'ailleurs baptisées "nébuleuses spirales". Et s'il s'agissait en fait de galaxies ? Pour le savoir, il faudrait qu'on réussisse à y voir des étoiles, comme dans la nôtre... Malheureusement, c'est plus facile à dire qu'à faire. Même dans les plus gros télescopes, les "nébuleuses spirales" ressemblent à des taches de lumière floues.

Seul espoir : les observer avec le plus gros télescope de l'époque, qui vient tout juste d'être mis en service... à l'observatoire du mont Wilson. C'est avec cet instrument géant que Edwin Hubble va scruter sans relâche les nébuleuses spirales, en particulier celle qu'on appelle la "nébuleuse d'Andromède", à la recherche de leurs étoiles.

Cap sur Andromède

"*Vous serez intéressé d'apprendre...*" En écrivant sa lettre, Hubble sait qu'il a réussi : il vient de prouver que la nébuleuse spirale d'Andromède est une galaxie comme la nôtre. Autrement dit, il vient de découvrir les galaxies ! Bientôt, toutes les nébuleuses spirales se révéleront être des galaxies. La nébuleuse d'Andromède, elle, deviendra la galaxie d'Andromède. Quant à Hubble, il ne s'arrêtera pas là. En 1928, il montrera que les galaxies s'éloignent les unes des autres. C'est bien la preuve que l'Univers gonfle ! Le télescope spatial Hubble rend aujourd'hui hommage à ce découvreur des galaxies.

L'astronome Edwin Hubble.

La création du monde

Tous les peuples ont une légende pour expliquer pourquoi et comment le monde existe. À chacun de choisir son histoire préférée, même si ce n'est pas celle que racontent les astronomes !

Et la lumière fut...

D'après la Bible, au commencement, Dieu créa les cieux et la Terre. La Terre était informe et vide ; il y avait des ténèbres à la surface de l'abîme, et l'esprit de Dieu se mouvait au-dessus des eaux. Dieu dit : "Que la lumière soit !" Et la lumière fut. Dieu vit que la lumière était bonne ; et Dieu sépara la lumière d'avec les ténèbres. Dieu appela la lumière jour, et il appela les ténèbres nuit. Ainsi, il y eut un soir, et il y eut un matin : ce fut le premier jour.

Dieu créant la lumière et les ténèbres. Miniature du XVe siècle.

Le yin et le yang

Pour les Chinois, deux forces opposées se partagent le monde : le yin et le yang, qui sont représentées dans un symbole noir et blanc ; le noir, c'est le yin, le blanc, c'est le yang. Ces deux forces se sont unies et de leur union est née un œuf, Pan Gu. La coquille de Pan Gu se sépare en une matière noire, la Terre, et une matière légère, le ciel. Pan Gu s'allonge alors sur le sol et meurt. Chaque morceau de son corps devient un élément de l'Univers : son dernier souffle devient le vent, ses yeux deviennent le Soleil et la Lune, et ses larmes se transforment en pluie.

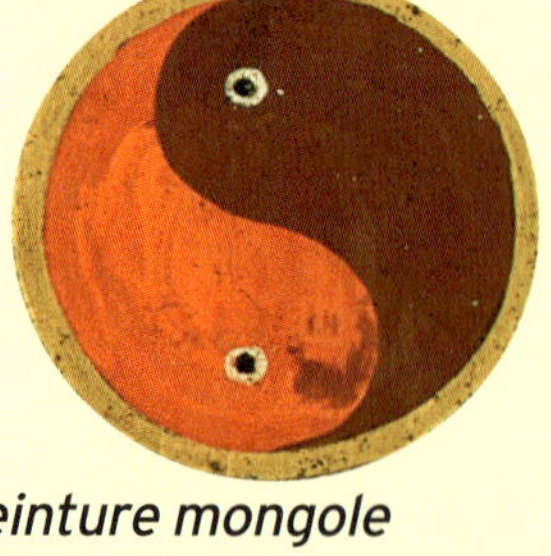

Peinture mongole du yin et du yang.

Le Soleil représenté sur une stèle maya.

Cinq soleils mayas

Au commencement, il n'y avait rien. Alors, racontent les anciens Mayas dans le *Popol-Vuh*, les dieux se réunirent et créèrent le monde. Ensemble, ils nommèrent la Terre et la Terre fut. Ils nommèrent les montagnes et les montagnes surgirent du fond des mers. Ils nommèrent les vallées, les nuages et les arbres. Ils nommèrent les animaux, mais rien de ce qu'ils avaient créé n'était doté de la parole. Alors ils décidèrent de créer les hommes.

Quatre fois, le monde des hommes, et le Soleil avec, ont été détruits par des catastrophes. Le premier Soleil fut dévoré par des jaguars. Le deuxième a été emporté par un ouragan. Le troisième ne résista pas à une pluie de flammes. Le quatrième fut noyé par un déluge... Le cinquième Soleil est le nôtre. C'est le Soleil du mouvement. Lui aussi disparaîtra un jour, englouti, comme le furent les autres par l'eau, le tigre, le feu, le vent...

La glace et le feu

Voici comment, en Islande, on racontait le commencement du monde. Au tout début, il n'y avait rien. Ni la Terre, ni la mer, ni le ciel n'existaient. Seul un gouffre béant et sans fond s'étendait d'un bout à l'autre de l'espace. Mais un jour, au nord du gouffre, apparut un brouillard de ténèbres. Au cœur de ce brouillard jaillit une fontaine d'où coulèrent des fleuves de glace. Au sud du gouffre, pendant ce temps-là, avait surgi le pays de feu. L'air y était très chaud, et il y coulait des fleuves aux eaux brûlantes. Les fleuves de glace et les fleuves de feu commencèrent de progresser les uns vers les autres. Quand ils se rencontrèrent enfin, du givre se forma et ce givre se mit lentement à combler le gouffre béant. L'air chaud venu du Sud fit fondre la glace du Nord. Alors des gouttelettes d'eau apparurent, et elles donnèrent naissance au premier être vivant.

Fleuves de feu et fleuve de glaces en Islande.

400 milliards d'étoiles !

Notre Galaxie contient environ 400 milliards d'étoiles. Comment le sait-on ? Un astronome très patient les a-t-il toutes comptées ? Heureusement non. On a regardé combien il y en avait dans une petite région, et on a calculé combien cela ferait pour toute la Voie lactée. On peut faire pareil pour savoir combien de cheveux (à peu près !) on a sur la tête !

Petit nuage

À 3 milliards d'années-lumière de nous, la grande galaxie d'Andromède est l'objet le plus lointain que l'on puisse voir à l'œil nu. Pas étonnant alors que les hommes l'observent depuis des lustres (sans connaître sa vraie nature, qui ne fut découverte qu'en 1924). Au Xᵉ siècle de notre ère, un astronome arabe, Al-Sufi, la baptisa même le "petit nuage céleste".

Un pèlerin, reconnaissable à sa coquille, sur la route de Saint-Jacques de Compostelle.

Le chemin de Saint-Jacques

En espagnol, la Voie lactée s'appelle "Camino de Santiago", le chemin de Saint-Jacques. Saint-Jacques de Compostelle, dans le nord-ouest de l'Espagne, a été pendant tout le Moyen Âge un haut lieu de pèlerinage. Quand les pèlerins se mettaient en route (à pied) pour Saint-Jacques, ils savaient qu'il fallait se diriger dans la direction indiquée par la Voie lactée !

La Naissance de la Voie lactée, peint par Pierre Paul Rubens (1636).

Du lait dans le ciel

Les Grecs racontaient au sujet de la Voie lactée une bien étrange histoire. Zeus, le roi des dieux, avait eu un fils avec Alcmène, une belle mortelle. Ce fils s'appelait Héraclès (Hercule chez les Romains) et devait plus tard devenir célèbre en réussissant douze tâches impossibles, les fameux travaux d'Hercule. En attendant, Héraclès n'était qu'un bébé, et Zeus aurait bien voulu qu'il soit immortel comme lui. Pour ça, une seule solution : qu'il boive le lait d'Héra, femme de Zeus. Évidemment, Héra n'était pas d'accord pour allaiter le fils de son mari et d'une autre femme ! Alors, Zeus décida de profiter du sommeil d'Héra pour faire téter son fils. La ruse marcha un moment, mais Héra se réveilla et repoussa brutalement le petit Héraclès. Le lait qui jaillit de son sein inonda le ciel et devint Voie lactée. On l'appelle aussi "Galaxie", un mot d'origine grecque qui veut dire "lait"...

D'autres civilisations ont vu dans cette bande blanche le chemin qui mène au palais des dieux... ou encore celui qui conduit au séjour des morts... et même une traînée de poussière d'or !

Pierre Gripari, l'auteur des *Contes de la rue Broca*, raconte ainsi la naissance du monde : Il était une fois une maman Dieu, avec son petit Dieu. La maman Dieu était installée dans un grand fauteuil et reprisait des chaussettes pendant que le petit Dieu, assis à une grande table, finissait ses devoirs.
Le petit Dieu travaillait en silence. Et quand il eut fini, il demanda :
"Dis-moi, maman, est-ce que tu me donnes la permission de faire le monde ? "
La maman Dieu le regarda :
"Tu as fini tes devoirs ?
1) Oui, maman.
2) Tu as appris tes leçons ?
3) Oui, Maman.
4) C'est bon. Alors, tu peux.
5) Merci, Maman."
Le petit Dieu prit une feuille de papier, des crayons de couleur, et il se mit à faire le monde.

L'Univers Phénix

Plusieurs mythes, un peu partout à travers le monde, racontent que, au commencement régnait le néant. Mais un néant particulier car il n'était en fait que les ruines d'un monde qui avait existé avant et avait complètement disparu. Curieusement, certains astronomes se font un peu la même idée de l'Univers : selon eux, notre Univers actuel n'est pas le premier qui ait existé ! Il serait apparu sur les ruines d'un précédent Univers, lui-même né des ruines d'un précédent Univers, et ainsi de suite. Les astronomes l'appellent "l'Univers Phénix", du nom du fabuleux oiseau de la mythologie égyptienne, qui avait le pouvoir de renaître de ses propres cendres.

Où a eu lieu le big bang ?

En anglais, *big bang* veut dire "grand boum". La plupart des astronomes soutiennent maintenant la théorie du big bang, mais dans les années 1950, elle était vraiment mal vue, d'où ce surnom ridicule de Grand Boum que lui a donné un de ses adversaires. Les partisans du big bang ont trouvé l'expression fort bien choisie et l'ont adoptée...
Mais, malgré son nom, le Grand Boum n'a rien à voir avec une gigantesque explosion. Il ne faut pas imaginer que dans un petit coin de l'Univers, il y a eu une explosion : avant le big bang, rien n'existait, ni l'Univers ni l'espace. C'est l'Univers tout entier qui est contenu dans la matière superdense et superchaude des débuts. Inutile aussi de chercher dans quelle constellation a eu lieu cet événement : ce n'est ni dans le Sagittaire, ni dans la Grande Ourse, mais bien partout. Car le big bang ne s'est pas produit en un endroit précis, mais en tous points de l'espace. Un espace qui, répétons-le, n'existait pas auparavant. Décidément étrange...

LES
L'ASTR

OUTILS DE
ONOMIE

Au début, les astronomes n'avaient que leurs yeux pour observer. Aujourd'hui, ils ont des télescopes géants et des satellites en orbite.

DE L'ŒIL NU AU TÉLESCOPE

Les astronomes ont besoin de lunettes et de télescopes pour observer le ciel, car à l'œil nu, ils ne voient qu'une infime partie de ce qui se passe dans le ciel.

Un cadran solaire égyptien.

À L'ÉPOQUE DES CADRANS SOLAIRES

Pour découvrir le ciel, les astronomes disposent d'un outil perfectionné : leurs propres yeux. Mais il faut quand même aider un peu l'œil avec des instruments. Le premier a été le gnomon, un bâton planté dans le sol, dont on observait l'ombre bouger au fil de la journée. Il était déjà utilisé par les Égyptiens et les Mésopotamiens. Le cadran solaire n'est qu'un gnomon perfectionné. Quand il faisait mauvais, on utilisait des horloges à eau, ou clepsydres, pour mesurer l'écoulement du temps (le sablier ne sera inventé qu'au Moyen Âge).

En 1609, Galilée rassembla les doges de Venise sur la place Saint-Marc pour leur démontrer les qualités de sa lunette.

VERRES DE LUNETTE ET LUNETTE ASTRONOMIQUE

Pendant des milliers d'années, les astronomes ont observé le ciel à l'œil nu. En 1609, le savant italien Galilée se sert d'un tube contenant deux lentilles en verre (une lentille ressemble à un... verre de lunette), la première lunette astronomique, pour observer la Lune, les planètes et la Voie lactée. Il découvre des étoiles qu'on ne voit pas à l'œil nu. Pourquoi ? Dans l'obscurité, la pupille de l'œil s'ouvre très grand pour attraper les moindres rayons de lumière ; mais elle ne peut pas s'ouvrir de plus d'un centimètre. La lentille qui est à l'entrée de la lunette, l'objectif, aide l'œil à capter plus de lumière et à la concentrer.

TÉLESCOPE CONTRE LUNETTE

Le télescope (ce mot vient de deux mots grecs qui signifient "voir loin"), qui contient un miroir, est mis au point par le physicien anglais Isaac Newton en 1672. Le premier avait un minuscule miroir de 3,7 cm de diamètre ! C'est avec un télescope que Herschel découvre la planète Uranus.

Pendant deux siècles, la concurrence entre lunettes et télescopes est acharnée. Les lunettes comme les télescopes deviennent de plus en plus grands et perfectionnés ; mais les miroirs de télescopes, en métal, sont difficiles à polir et se salissent vite, et les lentilles de verre des lunettes sont difficiles à fabriquer.

La lunette de Galilée.

Le télescope de Newton.

APRÈS LE DESSIN, LA PHOTOGRAPHIE

Au XXe siècle, avantage aux télescopes, qui ont maintenant des miroirs en verre recouvert d'une couche d'aluminium. Mais l'astronome ne met plus l'œil à l'oculaire du télescope pour noter ce qu'il voit ou dessiner le spectacle céleste : il prend des photos du ciel. Car la photographie a été utilisée en astronomie très vite après son invention. Les chercheurs analysent aussi la lumière des étoiles pour découvrir leur composition et leur température en se servant de prismes (ces morceaux de verre décomposent la lumière en un arc-en-ciel).

Et en ce début de XXIe siècle ? Les principes ne sont pas très différents, même si les appareils photo ont été remplacés par des caméras CCD comme celles des appareils photo numériques. Surtout, les astronomes étudient des lumières qui sont totalement invisibles à l'œil nu, comme les rayons X et les ondes radio.

Le radio télescope de l'IRAM, en Espagne.

LES GRANDS OBSERVATOIRES

Petits ou grands, les télescopes modernes sont installés loin des villes. Car cela fait bien longtemps qu'on ne peut plus voir les étoiles dans le ciel de Paris...

L'observatoire de Paranal se trouve dans le nord du Chili.

HAUTES MONTAGNES ET VOLCANS

Sur les hautes montagnes, dans les déserts les plus secs, et même au pôle Sud : pourquoi les astronomes vont-ils poser leurs télescopes dans des endroits si éloignés de la civilisation ?

Pas seulement parce qu'ils aiment la solitude et les beaux paysages ! Pour bien observer étoiles et galaxies, il faut un ciel pur et sans nuages, loin de la lumière des villes. L'endroit idéal : une haute montagne où il ne neige pas trop souvent, si on peut y aller sans trop de difficultés. Il y a par exemple en France un observatoire au pic du Midi, dans les Pyrénées, que l'on rejoint par téléphérique.

Encore mieux : le Mauna Kea, un volcan situé dans l'île d'Hawaii. Avec ses 4 200 mètres d'altitude il est la plupart du temps au-dessus des nuages. Le volcan est éteint, heureusement !

TÉLESCOPES GÉANTS

Les observations sont fatigantes à cette altitude, mais le ciel est très pur, si bien que plusieurs pays ont installé leurs observatoires au sommet de la montagne, où on commence à manquer de place. On y trouve quatre télescopes géants de 8 à 10 mètres de diamètre et plusieurs "petits" télescopes, parmi lesquels celui construit par la France, le Canada et Hawaii et dont le miroir ne mesure "que" 3,60 m de diamètre.

Deux télescopes sur un volcan éteint, le Mauna Kea, à Hawaii.

DÉSERTS DE L'HÉMISPHÈRE SUD

Autre lieu très recherché, les plateaux désertiques de la cordillère des Andes au Chili, où l'on trouve quatre grands observatoires. Deux sont européens, et le dernier-né, l'observatoire de Paranal, est construit dans un endroit extrêmement sec.

Quatre télescopes de 8,20 m de diamètre et trois autres plus petits y sont installés. Presque tous les pays européens se sont associés pour les construire. Car ces géants coûtent fort cher...

Les radiotélescopes du VLA au Nouveau-Mexique.

LE GÉANT DES GÉANTS

Les astronomes rêvent déjà des télescopes qu'ils vont construire dans dix ou vingt ans. Dans leur rêve le plus fou, ils imaginent un télescope dont le miroir aurait 100 mètres de diamètre. Pour abriter ce monstre il faudra élever une coupole plus haute que la tour Eiffel ! Pour que ce projet se réalise un jour, les États-Unis et l'Europe devront sans doute s'associer.

LUMIÈRE VISIBLE, LUMIÈRE RADIO

L'astronomie du XXIe siècle capte toutes les sortes de lumière : la lumière visible, mais aussi l'ultraviolette et l'infrarouge, les rayons X... Ceux-là, l'atmosphère terrestre les arrête, et il faut les observer depuis l'espace. Reste la lumière transportée par les ondes radio, que l'on détecte avec des radiotélescopes : certains ont l'air de radars géants, d'autres de simples antennes de radio.

On voit même en plein désert du Nouveau-Mexique une forêt de 27 antennes qui ressemblent à des grandes paraboles pour la télévision par satellite. Car les ondes radio des astronomes sont pareilles aux ondes radio de France Inter, en beaucoup plus faible, et se détectent de la même façon !

L'UNIVERS VU D'EN HAUT

Pour comprendre l'Univers, il faut parfois savoir prendre beaucoup de hauteur ! Et c'est valable pour les télescopes… Beaucoup de ces engins tournent au-dessus de nos têtes.

VUE IMPRENABLE

Les astronomes n'installent pas seulement leurs télescopes au sommet des plus hautes montagnes de la planète. Il arrive aussi qu'ils les envoient carrément dans l'espace. Placés en orbite autour de la Terre, ces engins ont alors une vue imprenable sur l'Univers. S'ils veulent observer et capter certaines lumières, il est même indispensable qu'ils tournent ainsi bien au-dessus de nos têtes. Pourquoi ? À cause de l'atmosphère terrestre.

ÉCRAN TOTAL

Ce "cocon protecteur", sans lequel aucune vie ne pourrait exister à la surface de la Terre, est très gênant pour les observations car l'atmosphère arrête une grande partie des lumières qui nous arrivent des astres ! En fait, seules la lumière visible, les ondes radio et un peu de lumière infrarouge réussissent à passer à travers cet "écran total" et à être captées par les télescopes installés sur terre (et d'ailleurs, même dans ce cas, l'atmosphère brouille un peu les images : elle les fait danser).

Chandra.

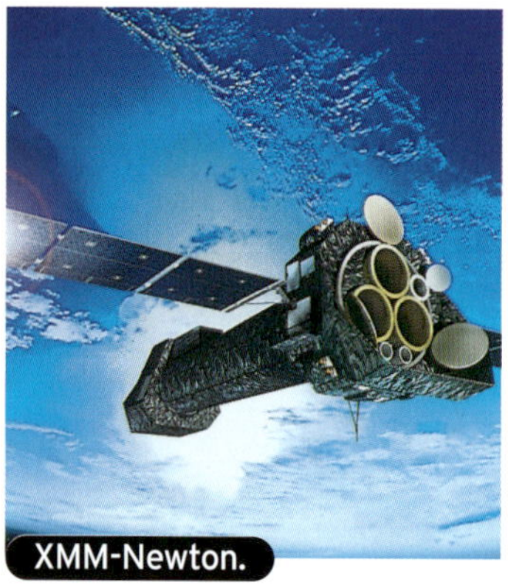

XMM-Newton.

TROUS NOIRS AUX RAYONS X

Alors, quand on veut observer le ciel, disons, en rayons X, pour voir le gaz chaud qui tourbillonne à grande vitesse autour des trous noirs cachés au cœur des galaxies, une seule solution : décoller !

En 1999, deux satellites spécialisés dans l'observation des rayons X ont été mis en orbite : l'américain Chandra et l'européen XMM-Newton. Tous deux tournent sur des orbites très allongées. Par exemple, celle de XMM l'amène à s'approcher jusqu'à 7 400 kilomètres de notre planète, puis à s'en éloigner jusqu'à 114 000 kilomètres. XMM met deux jours à boucler son tour de Terre.

Spoutnik 1.

SATELLITES ARTIFICIELS

Il n'y a pas que les télescopes qu'on envoie en orbite autour de la Terre. Des milliers d'engins construits par la main de l'homme tournoient dans la "proche banlieue" terrestre. On y trouve des satellites militaires, des satellites de communications (qui relaient par exemple les appels de nos téléphones portables), des stations spatiales et, enfin, une multitude de débris de toutes sortes : bouts de panneaux solaires, boulons, etc. En référence à la Lune et aux satellites "naturels" des planètes, on appelle ces engins des satellites "artificiels". Le tout premier satellite artificiel de l'histoire, Spoutnik 1, fut mis en orbite le 4 octobre 1957 par les Soviétiques.

LE TÉLESCOPE SPATIAL HUBBLE

Lancé en 1990, le télescope américain Hubble tourne en orbite à environ 600 kilomètres d'altitude. Il fait un tour de Terre en une heure et demie. Il observe le ciel en lumière visible (dégagé de l'atmosphère, il peut voir des détails 10 fois plus fins que la plupart des télescopes terrestres), mais aussi en rayons ultraviolets et infrarouges.

SONDES SPATIALES : LES AVENTURIÈRES DE L'EXTRÊME

Depuis plus de quarante ans, elles sillonnent le système solaire et envoient de précieuses informations aux astronomes. Elles ? Les sondes spatiales.

La sonde Voyager dans les parages de Neptune et Triton (dessin d'artiste).

EN ROUTE POUR LES PLANÈTES

Contrairement aux satellites, les sondes spatiales ne tournent pas sagement autour de notre planète : elles ont été conçues pour échapper à l'attraction terrestre, et résister au vide et au froid qui règnent dans les profondeurs du système solaire.

Certaines sont devenues les satellites artificiels d'un autre corps (une planète, la Lune), quand elles ne se sont pas carrément posées à sa surface.

D'autres, au contraire, explorent le système solaire : elles voyagent de planète en planète, d'astéroïde en comète, pour en comprendre les mystères. Sans ces voyageuses bardées d'instruments scientifiques, les astronomes ne sauraient pratiquement rien de la grande famille de la Terre.

La sonde Cassini doit arriver aux abords de Saturne en 2004 (vue d'artiste).

OBJECTIF SATURNE

La dernière grosse sonde à avoir quitté la Terre est Cassini, lancée en octobre 1997. Après s'être aidée deux fois de Vénus et une fois de la Terre, puis après un détour par Jupiter, la sonde fait route vers Saturne, le but de sa mission, qu'elle atteindra en 2004. Arrivée là-bas, elle larguera au-dessus de Titan, le gros satellite de Saturne, un petit module. Celui-ci descendra doucement, suspendu au bout d'un parachute, dans l'atmosphère de Titan et analysera sa composition.

AU MÈTRE PRÈS

Envoyer une sonde visiter une planète lointaine est un exercice très périlleux. Tout d'abord, il faut calculer exactement quand la lancer : imaginons que la sonde arrive à destination… et que la planète ne soit plus en vue, parce qu'elle a filé sur son orbite autour du Soleil !

Et puis, une sonde ne prend presque jamais le plus court chemin. La plupart du temps, elle s'aide de l'attraction des planètes qu'elle croise pour changer de direction. Ça lui permet d'économiser son carburant ! Les trajectoires des sondes sont donc calculées au mètre près, même pour les parcours les plus longs.

Quelques records

LA PREMIÈRE SONDE À QUITTER L'ORBITE TERRESTRE : Luna 1 (URSS), en janvier 1959. Elle "frôla" la Lune à 6 000 kilomètres de distance.

LA PREMIÈRE À SURVOLER MARS : Mariner 4 (USA), en juillet 1965.

LA PREMIÈRE À SE POSER SUR LA LUNE : Luna 9 (URSS), le 3 février 1966.

LA PREMIÈRE À SE POSER SUR MARS : Viking 1 (USA), le 20 juillet 1976.

LA PLUS LOINTAINE : Voyager 1 (USA). Partie de la Terre le 5 septembre 1977, la sonde se trouve aujourd'hui à plus de 12 milliards de kilomètres de la Terre. Elle est sortie du système solaire.

LES PLUS LOURDES : les deux sondes jumelles Phobos 1 et 2 (URSS), parties en juillet 1988 vers Mars. Elles pesaient chacune 6 200 kilos !

La sonde Viking.

En chiffres

1 1/4

Une heure un quart : c'est le temps que mettra un signal radio pour circuler entre la Terre et la sonde Cassini, quand celle-ci aura atteint Saturne.

PROFESSION ASTRONOME

Drôle de métier que celui d'astronome, qui exige beaucoup de passion, mais aussi beaucoup de patience !

QUAND IL FAISAIT FROID SOUS LES COUPOLES

C'était il y a longtemps : quand la nuit était belle, les astronomes enfilaient leur doudoune et sortaient observer le ciel. Le télescope était installé dans leur jardin ou sur le toit de l'Observatoire. Mais le métier a bien changé : maintenant, bien au chaud dans leur bureau, les scientifiques pilotent un télescope installé à l'autre bout du monde depuis leur ordinateur. Puis ils comparent leurs observations avec celles des télescopes embarqués sur des satellites, qu'ils ont reçues par Internet...

L'observatoire d'Arecibo, à Porto-Rico.

DE LONGS VOYAGES

Soyons honnête : les astronomes vont toujours observer le ciel ! Mais c'est devenu un peu compliqué. L'astronome doit d'abord faire une demande, expliquer ce qu'elle veut observer et ce qu'elle espère trouver (oui, il y a pas mal de femmes en France dans cette profession). Puis attendre, car certains télescopes sont très demandés. Le feu vert arrive enfin : elle part pour un long voyage au bout du monde. Arrivée à l'Observatoire : elle a de la chance, le ciel est sans nuages. Quelques nuits harassantes et excitantes à scruter la lumière qui vient de l'autre bout de l'Univers et à boire beaucoup de café pour ne pas s'endormir, et elle peut repartir vers son bureau avec un cédérom contenant les précieuses observations...

Le radiotélescope de l'IRAM (Institut de radio Astronomie Millimétrique), dans la Sierre Nevada, en Espagne.

MATHS OU PHYSIQUE,
MAIS TOUJOURS DES SCIENCES

Reste tout le travail qui consiste à comprendre les observations et à trouver les réponses qu'elle cherchait. Ce qui veut dire beaucoup de temps devant un ordinateur. Sans réseau Internet et sans ordinateur, un astronome du XXIe siècle est un peu perdu ! Il lui faut les deux pour travailler sur ses observations, et puis pour correspondre avec ses collègues à l'autre bout du monde. Il se sert aussi d'ordinateurs pour faire des calculs : et il en faut, des calculs et des équations pour comprendre le ciel, la vie et la mort des étoiles, la formation des planètes, et le big bang ! Les astronomes ont donc tous fait des études scientifiques, de physique ou de maths.

Des astronomes au travail.

UN MÉTIER DE SPÉCIALISTES

Dans ce métier, très peu de gens étudient à la fois les planètes, les étoiles, et les galaxies. Comme tous les chercheurs, les astronomes sont très spécialisés et ils ne s'intéressent parfois qu'à un problème qui peut sembler vraiment minuscule : par exemple, la vie de la galaxie numéro 6946... Certains ne font que des observations, d'autres que des calculs, certains construisent des instruments comme les caméras qui équipent les grands télescopes. Bien rares sont ceux qui réussissent à faire tout cela à la fois !

Science ou fiction ?

ENTRE EUX, LES ASTRONOMES PARLENT LATIN.

→ **NON.** C'était vrai au XVIIe siècle mais, maintenant, ils utilisent en général l'anglais !

LE MESSAGER DES ÉTOILES

Les astronomes au fil du temps

De l'œil nu à l'astrolabe, de la lunette au télescope... Au cours des siècles, les instruments d'observation ont beaucoup changé.

Un astronome arabe et son astrolabe. Durant tout le Moyen Âge, l'astrolabe a servi à viser les astres, à se repérer sur terre et à lire l'heure. Enluminure du XIIIe siècle.

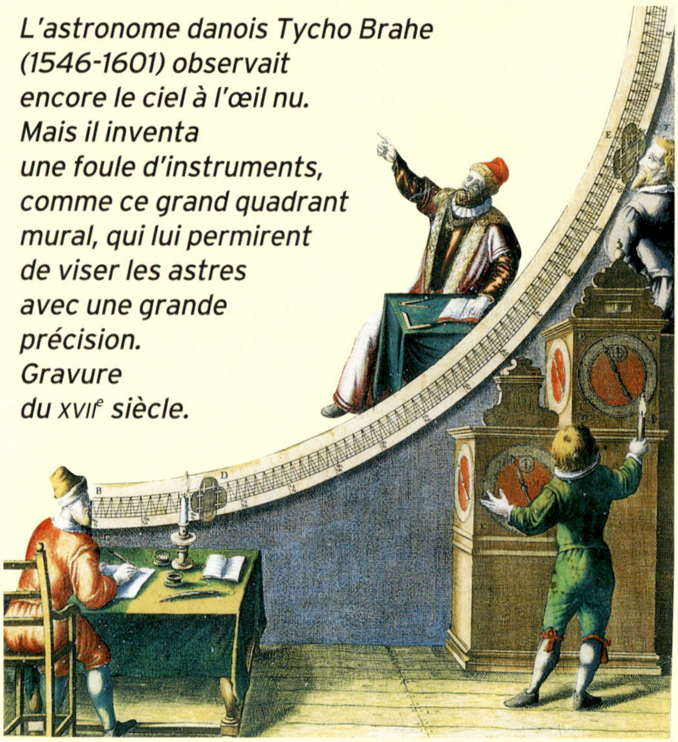

L'astronome danois Tycho Brahe (1546-1601) observait encore le ciel à l'œil nu. Mais il inventa une foule d'instruments, comme ce grand quadrant mural, qui lui permirent de viser les astres avec une grande précision. Gravure du XVIIe siècle.

Les premières lunettes apparurent à la Renaissance.

Ce tableau, L'Astronome, *a été peint en 1668 par le grand peintre hollandais Johannes Vermeer. Mais s'agit-il bien d'un astronome ? Ce tableau a aussi été appelé* L'Astrologue, Le Philosophe *et* Le Géographe. *En tout cas, le savant représenté consulte un globe céleste, où figurent les constellations connues.*

La plus grande lunette du monde, à l'observatoire Yerkes (États-Unis).

Installation d'une plaque photo sur le grand télescope du mont Palomar, en Californie (mis en service en 1948).

L'année où...

... Newton découvrit la gravitation

Au XVIIe siècle vécut un savant qui n'était pas tout à fait comme les autres. Un "mathématicien et physicien et atronome" qui inventa, entre autres, le télescope et découvrit la loi qui gouverne l'Univers : la loi de l'attraction universelle. Ce touche-à-tout de génie s'appelait Isaac Newton.

D'abord, la lumière
Né le jour de Noël 1642 en Angleterre, Newton resta toute sa vie un homme très solitaire. Mais sa soif de comprendre, elle, était immense. Tout petit déjà, il fabriquait des cadrans solaires et des horloges. En étudiant la lumière (à son époque seule la lumière visible était connue), il s'aperçut par exemple que lorsqu'elle passait à travers un prisme, elle était étalée en différentes couleurs – celles de l'arc-en-ciel. C'est en s'intéressant au trajet de la lumière qu'il mit au point le premier télescope. Quant à la loi de l'attraction universelle, la légende raconte

que Newton l'aurait découverte un jour où il était assis sous un pommier.

Une chute célèbre
En voyant tomber une pomme au sol, il se serait dit que la force qui attire la pomme vers la Terre est la même que celle qui attire la Lune vers la Terre (sauf que la Lune ne tombe pas vraiment, elle est en orbite autour de la Terre). Et la même que celle qui attire les planètes vers le Soleil.

Légende ou pas ?
Cela s'est-il vraiment passé ainsi ? Personne ne peut le dire. Toujours est-il qu'en 1687 Newton publia sa loi de l'attraction (ou de la gravitation) universelle : tous les corps s'attirent entre eux, et la force d'attraction ne dépend que de deux choses, la masse et la distance des deux corps. Cette loi universelle explique le mouvement des planètes autour du Soleil, celui des satellites autour des planètes, et aussi pourquoi les étoiles s'assemblent en galaxies.

LE POINT COMMUN

L'explorateur Magellan n'était pas astronome. Pourtant il a un point commun avec Galilée, Cassini, Einstein et Copernic. Lequel ?

RÉPONSE : Tous ces hommes célèbres ont donné leur nom à un satellite astronomique ou à une sonde spatiale.

Magellan est le nom de la sonde qui arriva en orbite autour de Vénus en août 1990 et l'observa pendant presque quatre ans (après quoi les ingénieurs l'envoyèrent s'écraser sur le sol brûlant de la planète).

Galilée : Galileo est le nom de la sonde qui fut lancée en octobre 1989 pour aller étudier Jupiter et ses satellites.

Cassini est le nom de la sonde qui atteindra, si tout va bien, Saturne en 2004. C'est aussi le nom d'un célèbre astronome français (d'origine italienne) du XVIIe siècle.

Einstein est le nom d'un télescope spatial, spécialisé en rayons X, qui fonctionna de fin 1978 à avril 1981.

Copernic : Copernicus est le nom d'un télescope spatial, spécialisé en rayons ultraviolets et X, mis en orbite en 1972.

L'astronomie dans le texte

Sujet favori des premiers écrivains de science-fiction : nos plus proches voisins, la Lune et Mars. Les héros modernes n'hésitent pas à parcourir l'Univers de long en large.

Rencontre entre le futur et le présent

En 2090, Rosemary retourne dans le passé pour découvrir le secret de son arrière grand-mère championne de football. *Vol à rebrousse-temps*, de Roy Apps (Casterman, Huit et plus).

À quoi peuvent servir les trous de ver?

On le découvre en lisant *Les portes de Gandahar*, de Jean-Pierre Andevron (Hachette Jeunesse).

À l'assaut de la lune

Dans les années 1860, aux États-Unis. Mais qu'est-ce qui attire ces foules de curieux dans un coin reculé de Floride ? C'est le départ de trois hommes vers la Lune, emportés dans un boulet creux tiré par un gigantesque canon, la Columbiad... Arrivée en principe le 4 décembre. Que vont-ils faire sur notre satellite ? S'y installer, tout simplement. D'ailleurs, les astronomes ne sont-ils pas certains que la Lune a une atmosphère ? Et puis, s'il n'y a pas de quoi vivre là-bas, il suffira de leur lancer de temps en temps un boulet rempli de vivres. De toutes façons, le retour n'est pas prévu... Quel sera le sort de Barbicane, Nicholl, et du Français Michel Ardan ? (*De la Terre à la Lune*, de Jules Verne.)

Classe de lune

Plus exotique que la classe de mer, bien plus originale que la classe de théâtre : voici la classe de lune. C'était le premier prix du concours du meilleur magazine vidéo, et les CM2 de Mme Clapon ont gagné. Après un entraînement intensif, les voilà partis pour deux semaines sur la Lune, accompagnés par leur institutrice pas très rassurée. La base Pénélope réserve à nos héros un accueil triomphal mais aussi des aventures étonnantes : qu'est-ce donc que cette drôle de petite musique qui les accompagne partout et que personne ne veut remarquer ? (*Classe de lune*, François Sautereau, Cascade - Rageot éditeur.)

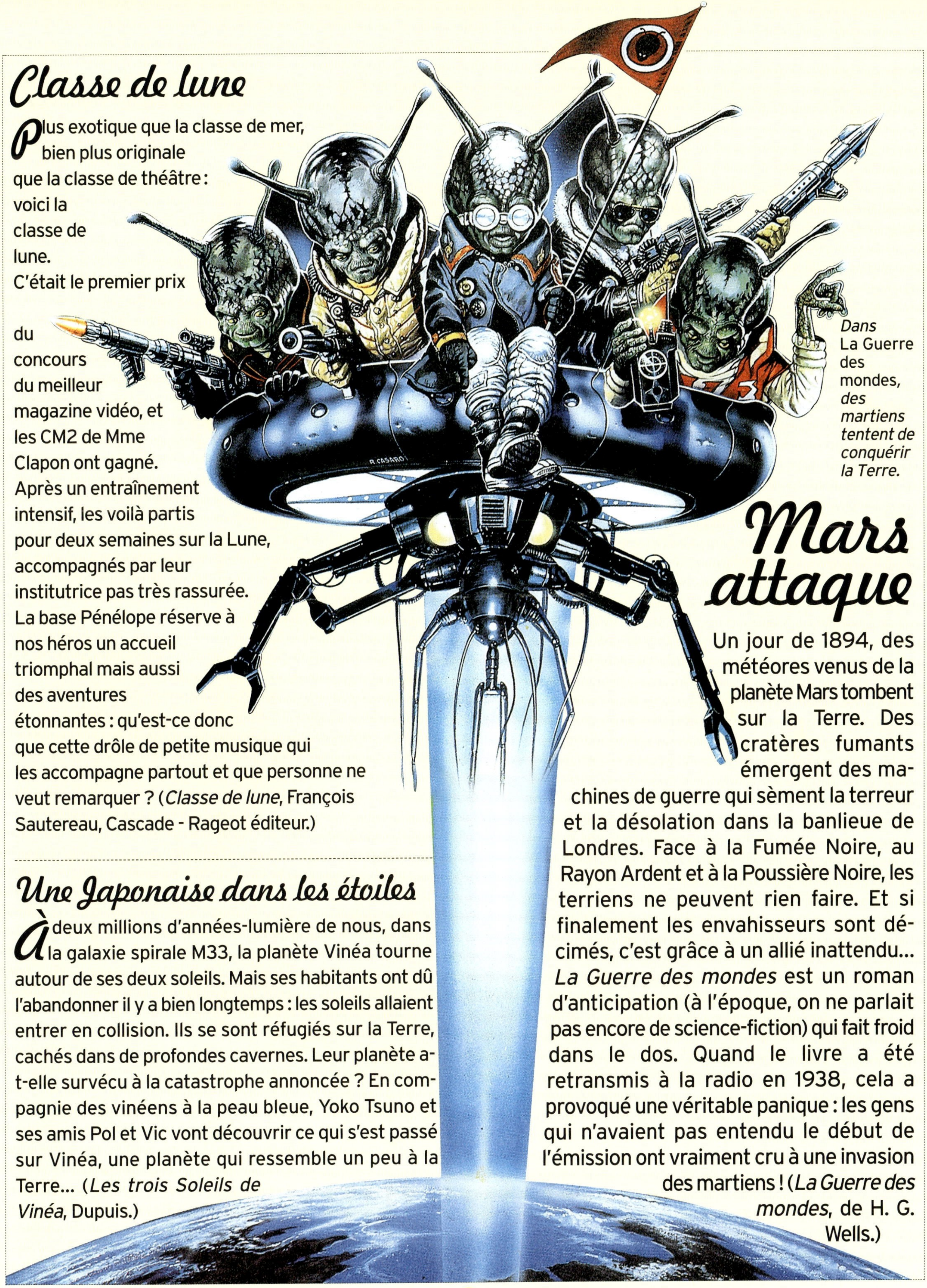

Dans La Guerre des mondes, *des martiens tentent de conquérir la Terre.*

Mars attaque

Un jour de 1894, des météores venus de la planète Mars tombent sur la Terre. Des cratères fumants émergent des machines de guerre qui sèment la terreur et la désolation dans la banlieue de Londres. Face à la Fumée Noire, au Rayon Ardent et à la Poussière Noire, les terriens ne peuvent rien faire. Et si finalement les envahisseurs sont décimés, c'est grâce à un allié inattendu… *La Guerre des mondes* est un roman d'anticipation (à l'époque, on ne parlait pas encore de science-fiction) qui fait froid dans le dos. Quand le livre a été retransmis à la radio en 1938, cela a provoqué une véritable panique : les gens qui n'avaient pas entendu le début de l'émission ont vraiment cru à une invasion des martiens ! (*La Guerre des mondes*, de H. G. Wells.)

Une Japonaise dans les étoiles

À deux millions d'années-lumière de nous, dans la galaxie spirale M33, la planète Vinéa tourne autour de ses deux soleils. Mais ses habitants ont dû l'abandonner il y a bien longtemps : les soleils allaient entrer en collision. Ils se sont réfugiés sur la Terre, cachés dans de profondes cavernes. Leur planète a-t-elle survécu à la catastrophe annoncée ? En compagnie des vinéens à la peau bleue, Yoko Tsuno et ses amis Pol et Vic vont découvrir ce qui s'est passé sur Vinéa, une planète qui ressemble un peu à la Terre… (*Les trois Soleils de Vinéa*, Dupuis.)

L'astronomie sur grand écran

Les films de science-fiction adorent l'astronomie. Forcément ! Ils y puisent certains de leurs thèmes favoris.

L'un des tout premiers films de l'histoire du cinéma était un film de science-fiction. Dans *Le Voyage dans la Lune* (1902), du Français Georges Méliès, les héros arrivaient sur notre satellite en capsule, tirée par un canon.

Message extraterrestre

De *Alien*, de Ridley Scott (1979), à *E.T.*, de Steven Spielberg (1982), impossible de présenter tous les extraterrestres que l'on croise au cinéma. Dans *Contact*, de Robert Zemeckis (1997), au contraire, on ne les voit jamais. L'astronome Ellie Arroway (jouée par Jodie Foster) capte un message codé grâce au réseau de radiotélescopes installé au Nouveau-Mexique (le VLA). Ce message codé a été envoyé par une mystérieuse civilisation extraterrestre. Que contient-il ? Les plans d'un vaisseau spatial révolutionnaire…

E.T., la star des extraterrestres.

Une scène de *La Guerre des Étoiles*.

Aussi vite que la lumière ?

Dans la saga de *La Guerre des Étoiles*, de George Lucas, les pilotes de vaisseaux spatiaux n'ont pas leur pareil pour "passer en hypervitesse", autrement dit pour pousser leur engin jusqu'à la vitesse de la lumière. Il faut au moins ça pour pouvoir sillonner tranquillement l'immense Univers. Mais la technique a un autre avantage, révélé par Einstein, au début du XXe siècle : plus on s'approche de la vitesse de la lumière, plus le temps s'allonge et moins on vieillit vite. Les héros de *La Planète des singes,* de F. J. Schaffner (1967), l'avaient bien compris : au début du film, on apprend qu'ils reviennent d'un voyage de 700 ans mais que pendant ce temps, ils n'ont vieilli que de six mois !

UN PEU D'AIR !

Comparés à notre bonne vieille Terre, les planètes et satellites qui peuplent le système solaire ne sont pas très accueillants. Y habiter, pourquoi pas, mais à condition de leur fabriquer d'abord une atmosphère respirable. C'est le décor du film *Total Recall*, de Paul Verhœven (1990), où Douglas Quaid (joué par A.Schwarzenegger) finira par découvrir un immense réacteur construit dans les profondeurs de la planète Mars. Remis en marche, ce réacteur transformera la glace martienne en atmosphère respirable.

Quand le ciel nous tombe sur la tête

Côté catastrophes, les météorites assurent le grand frisson : beaucoup de films racontent comment un bolide gros comme une ville menace de percuter la Terre et de la réduire en cendres. Parmi les plus récents, citons *Deep Impact*, de Mimi Leder (1998), où le bolide est une comète, et *Armageddon*, de Michael Bay (1998), où c'est un astéroïde. Dans les deux cas, la parade sera la même : on décide d'envoyer une équipe d'astronautes placer des charges explosives directement sur le bolide, pour le pulvériser ou pour le dévier de sa route. Ces solutions ont été effectivement envisagées par les experts de la Nasa.

Une scène de *Deep Impact*.

Les savants de l'astronomie

Aristarque de Samos

(IIIe siècle av. J.-C.)
Cet astronome grec fut le premier à imaginer que la Terre tournait sur elle-même et autour du Soleil. Il inventa aussi une méthode permettant de calculer les distances relatives de la Terre à la Lune et au Soleil.

Hipparque

(IIe siècle av. J.-C.)
Le plus grand astronome grec de l'Antiquité. Il établit un catalogue donnant la position de 1 025 étoiles, où celles-ci sont, pour la première fois, classées par "grandeur" d'après leur éclat apparent dans le ciel.

Claude Ptolémée

(IIe siècle av. J.-C.)
Astronome, géographe et mathématicien grec, il pensait que la Terre était fixe au centre de l'Univers et proposa une théorie permettant de rendre

compte des mouvements du Soleil, de la Lune et des planètes dans le ciel par une combinaison de mouvements circulaires.
Le système de Ptolémée s'imposa pendant de nombreux siècles, jusqu'à Copernic et Galilée. Ptolémée établit également un catalogue de plus de 1 000 étoiles ; il calcula la taille du Soleil et de la Lune ainsi que leur distance par rapport à la Terre.

Nicolas Copernic

(1473-1543)
Astronome polonais, il fut le premier savant des temps modernes à montrer que la Terre n'est pas immobile au centre de l'Univers : la Terre et les autres planètes

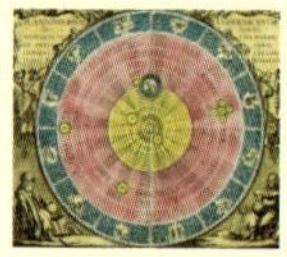

tournent à la fois sur elles-mêmes et autour du Soleil. Craignant l'hostilité de l'Église, Copernic ne publia ses travaux qu'à la veille de sa mort.

Tycho Brahe

(1546-1601)

Astronome danois, il effectua les observations astronomiques les plus précises avant l'invention de la lunette. Les données qu'il rassembla sur le déplacement de la planète Mars permirent à son assistant et élève, Johannes Kepler, de découvrir les lois du mouvement des planètes autour du Soleil.

Galileo Galilei, dit Galilée

(1564-1642)
Physicien et astronome italien, il fut le premier à observer le ciel avec une lu-

nette astronomique qu'il construisit lui-même (1609). Il découvrit ainsi le relief de la Lune, les phases de Vénus, les quatre principaux satellites de Jupiter et une multitude d'étoiles de la Voie lactée insoupçonnées auparavant. Ses observations l'amenèrent ainsi à confirmer la théorie de Copernic : c'est bien la terre qui tourne autour du Soleil et non le contraire. Cette affirmation s'opposant aux textes de la Bible sur l'origine du monde, il fut déféré devant un tribunal de l'Église catholique, qui l'obligea à reconnaître qu'il avait tort. Mais ses travaux finirent par s'imposer à tous à la fin du XVIIe siècle. Ce n'est qu'en 1992 que l'Église le réhabilita.

Johannes Kepler

(1571-1630)
Astronome allemand, partisan du système de Copernic, Kepler découvrit, grâce aux observations de son maître Tycho Brahe, les lois du mouvement des planètes autour du Soleil, et en particulier que les planètes décrivaient des orbites elliptiques. Ces lois sont appelées "lois de Kepler".

Isaac Newton

(1642-1727)

Physicien, mathématicien et astronome anglais, Isaac Newton est l'un des plus grands savants de tous les temps. En 1671, il construisit le premier télescope. En 1687, il énonça la loi de l'attraction universelle, qui explique le mouvement des planètes autour du Soleil et celui de la Lune autour de la Terre, ainsi que les marées.

Edmond Halley

(1656-1742)
Astronome britannique, Edmond Halley est célèbre pour avoir étudié le mouvement des comètes et pour avoir le premier prédit, par le calcul, le retour près du Soleil de l'une d'entre elles : la fameuse comète de Halley.

William Herschel

(1738-1822)
Astronome britannique, il construisit de nombreux télescopes et découvrit une sixième planète au-delà de Saturne : la planète Uranus (en 1781), ainsi que deux de ses satellites (en 1787), puis deux satellites de Saturne (en 1789). Jusqu'alors les astronomes ne connaissaient que 5 planètes. La découverte de Herschel fut le prélude à la découverte de 3 autres planètes. En étudiant comment se répartissent les étoiles dans différentes directions du ciel, il découvrit que le Soleil est situé à l'intérieur d'un amas d'étoiles de forme aplatie, la Galaxie.

Pierre-Simon de Laplace

(1749-1827)
Astronome, mathématicien et physicien français, il développa l'hypothèse, toujours admise, selon laquelle le système solaire serait issu d'un nuage de gaz et de poussières interstellaires - une nébuleuse - qui tournait lentement sur lui-même.

Urbain Le Verrier

(1811-1877)
Astronome français, il démontra, d'après les irrégularités du mouvement d'Uranus, l'existence d'une planète plus lointaine dont il détermina l'orbite et calcula la position. Il facilita ainsi la découverte de Neptune par l'Allemand J. Galle, en 1846. Il fut aussi le premier à organiser la diffusion des informations météorologiques en France et en Europe.

Henry Norris Russell

(1877-1957)
Astronome américain, il publia, en 1913, un diagramme sur lequel les étoiles sont classées d'après leur spectre et leur luminosité. Il mit ainsi en évidence deux types d'étoiles bien distincts. La même découverte avait été effectuée quelques années avant par l'astronome danois Ejnar Hertzsprung. Le diagramme de Hertzsprung-Russell est un outil essentiel pour l'étude des étoiles.

Albert Einstein

(1879-1955)
Considéré comme le plus grand savant du XXe siècle, Einstein, né en Allemagne, dut s'exiler aux États-Unis pour fuir les persécutions du régime nazi contre les Juifs. Il exposa la théorie de la relativité générale en

1916 : toute la physique moderne en découle et elle est à l'origine de nombreuses inventions technologiques contemporaines. Il reçut le prix Nobel de physique en 1921.

Edwin Powell Hubble

(1889-1953)
Astronome américain, Hubble établit, en 1923-1924, qu'il existe d'autres galaxies au-delà de la nôtre. Puis il montra que les galaxies s'éloignent les unes des autres à une vitesse proportionnelle à leur distance (1929). C'est la première preuve de l'extension de l'Univers.

Mgr Georges Henri Lemaître

(1894-1966)
Astronome et mathématicien belge, il formula, en 1931, l'hypothèse de "l'atome primitif", selon laquelle l'Univers actuel serait issu de l'explosion d'une quantité de matière colossale qui était à l'origine concentrée dans un très petit volume : cette hypothèse est l'ancêtre de la théorie moderne du big bang.

INDEX

CREDITS PHOTOGRAPHIQUES

C&E = Ciel et Espace ; BAL = The Bridgeman Art Library ; ESO = European Southern Observatory

Couverture : I et IV : éclipse : A. Fujii/C&E (reprise) ; Saturne : Digital Vision (reprise) ; Lune : Digital Vision ; éruption solaire : Digital Vision ; cosmonaute : C&E ; fond : C&E ; sonde : S. Numazawa/APB/C&E (reprise) ; observatoire : S. Brunier/S. Aubin/A. Fujii/C&E (reprise) ; astronomes : G. Dagli Orti (reprise)

Dos : Digital Vision (reprise)

Page de titre : ESA/DASA/C&E (reprise)

p. 5 g : NASA (reprise) ; p. 5 d : Digital Vision (reprise) ; p. 6 : R.M.N. (reprise) ; p. 7 g : NASA/C&E (reprise) ; p. 7 d : S. Brunier/S. Aubin/A. Fujii/C&E (reprise)

p. 10 hg : Archives Nathan (reprise) ; p. 10 hd : M. Denis-Huot/Hoaqui (reprise) ; p. 10 mg : NASA/JPL/NSF/C&E (reprise) ; p. 10 md : Digital Vision (reprise) ; p. 10 bg : C&E/S. Numazawa/APB (reprise) ; p. 10 bd : ESO (reprise) ; p. 11 h : Anglaret/C&E (reprise) ; p. 11 m : Digital Vision (reprise) ; p. 11 bg : NASA (reprise) ; p. 11 b (trou noir) : Numazawa/C&E (reprise) ; p. 11 mg : Sirius NASA/SAO/CXC (reprise) ; p. 11 hd : étoile filante David Nunuk/S.P.L./Cosmos (reprise) ; p. 11 bd : A. Fujii /C&E (reprise) ; p. 12 b1 : Chris Anderson/Aurora (reprise) ; p. 12 b2 : S. Numazawa/C&E (reprise) ; p. 12 b3 : Laurent Blondel (reprise) ; p. 12 b4 : Denis Bringard/Bios (reprise) ; p. 12 b5 : NASA (reprise) ; p. 12 b6 : A. Fujii /C&E (reprise) ; p. 12 b7 : Morand Grahame/Hoaqui (reprise) ; p. 12 b8 : Erich Lessing/AKG Paris (reprise) ; p. 12-13 : NASA (reprise p. 5 g) ; p. 13 b1 : A. Fujii/C&E (reprise) ; p. 13 b2 : BAL (reprise) ; p. 13 b3 : Laurent Blondel (reprise) ; p. 13 b4 : Keith Kent/Science Photo Library (reprise) ; p. 13 b5 : Julian Baum/Science Photo Library (reprise) ; p. 14 g : Robb Kendrick/Aurora ; p. 14 d : Chris Anderson/Aurora ; p. 16 : A. Fujii/C&E ; p. 17 : S. Numazawa/C&E ; p. 20 : Denis Bringard/Bios ; p. 21 h : Winfried Wisniewski/Jacana ; p. 21 b : AKG Paris ; p. 22 : NASA ; p ; 24-25 : A. Fujii /C&E ; p . 27 h : B. Machet/Hoaqui ; p. 27 b : Morand Grahame/Hoaqui ; p. 28 : Erich Lessing/AKG Paris ; p. 28-29 : R.M.N. ; p. 29 : S. Grandadam/Hoaqui : p. 30-31 : A. Fujii/C&E ; p. 31 b : A. Fujii/C&E ; p. 32 g : BAL ; p. 32-33 : S. Numazawa/APB/C&E ; p. 33 h : BAL ; p. 33 b : BAL ; p. 34 : g Dagli Orti ; p. 35 b : Collection Kharbine-Tapabor ; p. 36 : M. Denis-Huot/Hoaqui ; p. 37 h : Keith Kent/Science Photo Library ; p. 37 b : Simon Fraser/Science Photo Library ; p. 37 d : © Hergé/Moulinsart, 2001 ; p. 38-39 : Julian Baum/Science Photo Library ; p. 44-45 Larousse ; p. 45 d : Archives Larbor ; p. 48 b1 : NASA (reprise) ; p. 48 b2 : Digital Vision (reprise) ; p. 48 b3 : Photodisc (reprise) ; p. 48 b4 : Photodisc (reprise) ; p. 48 b5 : NASA/O. Hodosava/C&E (reprise) ; p. 48 b6 : Photodisc (reprise) ; p. 48 b7 : E. Valentin/Hoaqui (reprise) ; p. 48 b8 : Photodisc (reprise) ; p. 48-49 : NASA ; p. 49 b1 : S. Anglaret/C&E (reprise) ; p. 49 b2 : Space Telescope Science Institute/NASA/Science Photo Library (reprise) ; p. 49 b3 : Digital Vision (reprise) ; p. 49 b4 : David A. Hardy/Science Photo Library (reprise) ; p. 49 b5 : Grinberg/Jacana (reprise) ; p. 49 b6 : ESA/Eurimage/ Science Photo Library (reprise) ; p. 49 b7 : NASA (reprise) ; p. 51 : NASA ; p. 52 g : Digital Vision ; p. 52 d : Digital Vision ; p. 52-53 : Archives Nathan ; p. 53 d : Digital Vision ; p. 54 g : C&E/NASA ; p. 55 hd : Photodisc ; p. 55 m : Digital Vision ; p. 55 b : NASA - Archives Larbor ; p. 56-57 : NASA : p. 57 hd : NASA ; p. 57 d : Photodisc ; p. 58 h : Digital Vision ; p. 58 m : NASA ; p. 58 b : NASA ; p. 59 : C&E/JPL ; p. 60 g : Digital Vision ; p. 60 m : Digital Vision ; p. 60 h : Photodisc ; p. 61 : Photodisc ; p. 62 : NASA (Io) ; C&E/NASA (Ganymède, Europe et Callisto) ; p. 63 h : USGS/C&E ; p. 63 bg NASA/O. Hodosava/C&E ; p. 63 bd : C&E/NASA ; p. 64 : Photodisc ; p. 65 h : NASA/C&E ; p. 65 b : NASA ; p. 66 hg : E. Valentin/Hoaqui ; p. 66 bd : USGS/C&E ; p. 66-67 : Peter Henzel/Cosmos ; p. 67 bd : NASA ; p. 68 h : I & V Krafft/Hoaqui ; p. 68 b : J.P.L./C&E ; p. 69 h : USGS/C&E ; p. 69 d : NASA ; p. 69 m : Photodisc ; p. 70 : NASA/C&E ; p. 71 : NASA ; p. 72 : Julian Baum/S.P.L./Cosmos ; p. 73 : NASA (Mathilde, Éros) ; NASA/JPL/NSF/C&E (Cléopâtre) ; Photodisc (Gaspra et Ida) ; p. 74-75 : S. Anglaret/C&E ; p. 75 h : Digital Vision ; p. 75 b : O. Hodosava/MSSSO/C&E ; p. 76 : Space Telescope Science Institute/NASA/Science Photo Library ; p. 77 : C&E/J. Lodriguss ; p. 78 g : Digital Vision ; p. 78 d : NASA/Science Photo Library ; p. 79 David Nunuk/S.P.L./Cosmos ; p. 80-81 : David A. Hardy/Science Photo Library ; p. 81 bd : NASA/C&E ; p. 82 : ESA/DASA/C&E (reprise en page de titre) ; p. 83 : Mark Garlick/Science Photo Library ; p. 84 Hymne à la création, 1995 Jordan © Jordan Lamorlette ; p. 85 h : Grinberg/Jacana ; p. 85 m : Ingo Arndt/Jacana ; p. 85 b : Sinclair Stammers/ Science Photo Library ; p. 86 : ESA/Eurimage/ Science Photo Library ; p. 87 : NASA ; p. 88 b : NASA/C&E ; p. 88 m : C&E/NASA/MSSS ; p. 88-89 : C&E/NASA/MSSS ; p. 89 mg : NASA ; p. 89 hd : Digital Vision ; p. 89 b : NASA ; p. 90 : NASA - Archives Nathan ; p. 91 hg : Novostii/S.P.L./Cosmos ; p. 91 hd : NASA - Archives Larbor ; p. 91 b : NASA ; p. 92-93 : Hergé/Moulinsart, 2001 ; p. 94 m : Ph. Lowell Observatory © Archives Larbor ; p. 94 b : Collection Jonas/Kharbine-Tapabor ; p. 95 : Collection GROB/Kharbine-Tapabor ; p. 97 h : BAL ; p. 97 b : John Foster/Photo Researchers/Cosmos ; p. 98 b1 : Rocco ; p. 98 b2 : ESA/NASA (reprise) ; p. 98 b3 : NASA (reprise) ; p. 98 b4 : NASA/SAO/CXC (reprise) ; p. 98 b5 : C&E/AAO/D. Malin (reprise) ; p. 98 b6 : Photodisc (reprise) ; p. 9 b7 : ESO (reprise) ; p. 98 b8 : C&E/J.C. Cuillandre/CFHT (reprise) ; p. 98-99 : R.M.N. (reprise p. 6 et p. 125) ; p. 99 b1 : Digital Vision (reprise) ; p. 99 b2 : Manchu/C&E (reprise) ; p. 100 : Digital Vision ; p. 101 h : Photodisc ; p. 101 m : Digital Vision ; p. 102 b : C&E/NOAO ; p. 102-103 : B.&C. Alexander/Cosmos ; p. 103 h : ESA/NASA ; p. 104 : NASA ; p. 105 m : Hubble Heritage Team/NASA ; p. 105 hd : ESO ; p. 106 : C&E/NASA/SAO ; p. 107 h : A. Fujii/C&E ; p. 108 : NASA ; p. 109 h : C&E/AAO/D. Malin ; p. 109 b : C&E/AAO/D. Malin ; p. 110 h : ESO ; p. 111 h : Photodisc ; p. 112 : ESO ; p. 113 g : C&E/NASA/Hubble Heritage ; p. 113 d : ESO ; p. 114 : NASA ; p. 115 h : C&E/J.C. Cuillandre/CFHT ; p. 115 b : Hubble Heritage Team/STSCI/AURA/NASA ; p. 116 : NASA ; p. 117 h : ESO ; p. 117 bg : Photodisc ; p. 117 bm : ESO ; p. 117 bd : Photodisc ; p. 118 : NASA ; p. 119 hg : Digital Vision ; p. 119 hd : NASA/CXC/SAO ; p. 119 mg : ESO ; p. 119 md : Digital Vision ; p. 119 bg C&E/Y. Watabe ; p. 119 bd : C&E/AAO/D. Malin ; p. 120 : Manchu/C&E ; p. 121 h : C. Buil/F. Colas/C&E ; p. 121 b : NASA ; p. 123 bd : Archives Larbor ; p. 124 g : R.M.N. ; p. 124 d : BAL, © ADAGP, Paris 2001 ; p. 125 h : R.M.N. (reprise) ; p. 125 b : BAL ; p. 126 g : NAIC-NSF/C&E ; p. 126 b : S. Brunier/C&E ; p. 127 h : NASA/C&E ; p. 127 b : NASA/C&E ; p. 130 b1 : C&E/S. Numazawa/APB (reprise) ; p. 130 b2 : ESO (reprise) ; p. 130 b3 : ESO (reprise) ; p. 130 b4 : ESO (reprise) ; p. 130 b5 : C&E/NASA (reprise) ; p. 130 b6 : Hubble Heritage Team/NASA (reprise) ; p. 130 b7 : NASA (reprise) ; p. 130-131 : NASA/C&E (reprise p. 133) ; p. 131 b1 : Pierre Bon ; p. 131 b2 : S. Numazawa/C&E (reprise) ; p. 132-133 : C&E/S. Numazawa/APB ; p. 133 h : NASA/C&E (reprise) ; p. 133 b : Photodisc ; p. 134 : ESO ; p. 135 h : C&E/J. Gleason/Celestial Images ; p. 135mh : ESO ; p. 135 bg : ESO ; p. 135 bd : ESO ; p. 136-137 : ESO ; p. 138 : ESO ; p. 139 h : Hubble Heritage Team/AURA/STSCI/NASA ; p. 139 b : C&E/NOAO ; p. 140 : Hubble Heritage Team/STSCI/NASA ; p. 141 h : C&E/NASA ; p. 141 m : ESO ; p. 141 b : C&E/NASA/STSCI ; p. 142 : NASA ; p. 143 hg : NASA ; p. 143 hd : Manchu/C&E ; p. 143 b : Hubble Heritage Team/NASA ; p. 144 : ESO ; p. 145 : NASA/NSSDC ; p. 146-147 : NASA ; p. 149 b Photodisc ; p. 151 h : S. Numazawa/C&E ; p. 152-153 : C&E © Carnegie Institution ; p. 153 : Hhale Obs./S.P.L./Cosmos ; p. 154 g : Bibliothèque Vayicane ; p. 154 d : Roland & Sabrina Michaud/Rapho ; p. 155 h : AKG Paris ; p. 115 b : Bernhard Edmaier/S.P.L./Cosmos ; p. 156 g : C&E/P.Parviainen ; p. 156 d : Coll. Archives Nathan ; p. 157 : BAL ; p. 160 b1 : BAL (reprise) ; p. 160 b2 : ESO (reprise) ; p. 160 b3 : ESA/Ducros/C&E (reprise) ; p. 160 b4 : S. Numazawa/C&E (reprise) ; p. 160 b5 : ESO (reprise) ; p. 160-161 : S. Brunier/S. Aubin/A. Fujii/C&E (reprise p. 164-165 et en couverture) ; p. 162 g : G. Dagli Orti ; p. 162-163 b : Cosmos/S.P.L. ; p. 163 hg : AKG, Paris ; p. 163 hd : BAL ; p. 163 bd : IRAM ; p. 164 g : ESO ; p. 164-165 : S. Brunier/S. Aubin/A. Fujii/C&E ; p. 165 hd : S. Brunier/C&E ; p. 166 h : NASA/C&E ; p. 166 m : ESA/Ducros/C&E ; p. 166 b : Tcheredintsev/C&E ; p. 167 : NASA/C&E ; p. 168 : S. Numazawa/C&E : p. 169 h : S. Numazawa/APB/C&E ; p. 169 b : NASA/C&E ; p. 170 : S. Brunier/C&E ; p. 171 h : ESO ; p. 171 b : ESO ; p. 172 hd : G. Dagli Orti ; p. 172 bg : G. Dagli Orti ; p. 172 bd ; G. Dagli Orti ; p. 173 : R.M.N. ; p. 174 : Corbis ; p. 175 : California Institute of Technology and carnegie Institution of Washington - Archives Larbor ; p. 176 : BAL ; p. 178 : AKG, Paris ; p. 179 : Collection Kharbine-Tapabor ; p. 180-181 : Collection Christophe L. ; p. 182 hg : Archives Nathan/Deutsches Museum, Munich ; p. 182 mg : Y. Bressy - Coll. Larousse ; p. 182 hd : G. Dagli Orti (reprise) ; p. 182 m : BAL (reprise) ; p. 182 bd : AKG Berlin - Artephot ; p. 183 hg : R.M.N./G. Blot/Musée du Louvre, Paris ; p. 183 md : AKG, Paris ; p. 184 g : NASA (reprise) ; p. 185 mg : Digital Vision (reprise) ; p. 185 md : BAL (reprise) ; p. 186 h : NASA (reprise) ; pictos p. 184 à 187 : Rocco.

Imprimé en Espagne par Gráficas Estella, Estella
Dépôt legal : septembre 2001
306426-01 / 110 13 849 - Avril 2011